都市区肖像丛书

大波特兰：西北部城市生活与景观

[美] 卡尔·阿博特 著

李 雪 译

中国建筑工业出版社

著作权合同登记图字：01–2016–0725 号

图书在版编目（CIP）数据

大波特兰：西北部城市生活与景观 /（美）卡尔 · 阿博特著；李雪译 . — 北京：中国建筑工业出版社，2020.7

（美国大都市区肖像丛书）

书名原文：Greater Portland: Urban Life and Landscape in the Pacific Northwest

ISBN 978–7–112–25197–1

Ⅰ. ①大…　Ⅱ. ①卡…②李…　Ⅲ. ①城市规划 — 研究 — 美国　Ⅳ. ① TU984.712

中国版本图书馆 CIP 数据核字（2020）第 090967 号

Greater Portland： Urban Life and Landscape in the Pacific Northwest/Carl Abbott. ISBN 978-0-8122-1779-9

责任编辑：戚琳琳　率　琦　焦　扬

责任校对：王　瑞

美国大都市区肖像丛书

大波特兰：西北部城市生活与景观

［美］卡尔 · 阿博特　著

李　雪　译

*

中国建筑工业出版社出版、发行（北京海淀三里河路9号）

各地新华书店、建筑书店经销

北京点击世代文化传媒有限公司制版

北京建筑工业印刷厂印刷

*

开本：787 × 960毫米　1/16　印张：17¾　字数：250千字

2020年9月第一版　2020年9月第一次印刷

定价：62.00 元

ISBN 978-7-112-25197-1

（35705）

METROPOLITAN PORTRAITS

美国大都市区肖像丛书

本套丛书探讨了过去和现在多样性融合中的当今都市。每一卷讲述一个北美都市区域，包括其历史经验、空间布局、文化以及当今所面临的问题。本套丛书的引进，旨在激发与促进国内读者对北美主要都市的了解与探讨。

目　录

前　言

朱迪思·A·马丁

“美国大都市区肖像丛书”致力于用一种全新的方式理解和描述现代都市区——该方式信息充足且富有教育性。卡尔·阿博特是最先承诺为此系列丛书供稿的作家之一，我很感谢他对此的信任。本书展现了该系列丛书一个共同的主题结构，即：故土的继承和当前的改建、重大外部事件对城市产生的影响，以及当地文化的力量和重要性。随着系列书目的不断扩展，尽管数据和作者写作的方式会有所不同，我们仍希望尽可能地对众多城市区域进行比较。本书作为阿博特最权威的作品，包含了他对儿童文学和艺术表现的奇思妙想。

阿博特指出波特兰正通过与当今时事相互作用而不断改造自身。他把这座城市描述为来自平原和山区的人们将希望寄托的地方，这里的居民主要为本地出生的白人。波特兰是一个地理位置极其重要的地区，坐落于瀑布和海岸山脉之间，也是覆盖从邦纳维尔至大古力地区的庞大新政项目的基地，这座城市通过哥伦比亚和威拉米特河与外部相连。波特兰地区气候潮湿温和，适宜发展林业和农业，也因此成就了该城市早期的城市资源加工和出口特产产业，并得以持续发展。此外，电子、服务和营销等新兴经济也发展得卓有成就。令人惊讶的是，城市地区的森林、河流和海洋资源优势都是国有的。此外，因其山坡陡峭、峡谷狭窄的地形，使20世纪60年代的高速公路建设靠近老城区一带，为这座西方城市创造了一个密集紧凑的核心。

阿博特对本书的文化分析伴随着环境主义与城市化之间的紧张矛盾，并重点关注作为调节机构的市政府。波特兰著名的城市空间增长边界是外部参考，但也有社区协商和大都会组织的积极参与。

阿博特以四个不同的文化环境描写波特兰地区。第一种文化环境是要求进步的波特兰社区，这是公民行动主义的基础，形成于20世纪60年代和70年代早期人们对州际公路和城市改造的反对。本地人与外来定居者分享了对城市生活的热情，休闲娱乐包括骑行、滑雪、徒步旅行和露营。第二种文化环境是“郊区硅谷”，主要位于市中心以西，这也是波特兰与北美其他大都市最类似的地区。在这里，日本和美国的芯片和软件公司提供了61000多个就业岗位。但是波特兰的规模相对较小，意味着许多郊区居民主张以市中心为导向，很少有成立外围新中心的想法。

第三个文化环境是聚集多民族的贫民区，一部分位于南部近河流处，但主要集中在波特兰的北部和东北部。这些地区白人和非裔美国人的数量几乎持平，伴有少数移民、西班牙裔美国人和美洲原住民。这些人不稳定的经济状况表明波特兰仍有人挣扎在贫困线上。最后一种文化环境出现在波特兰市郊的边缘乡村，这里传统的思想加上波特兰早期的经济因素，体现出一种旧时西方“走自己的路”的态度。阿博特将此描绘为旧西方与新西方的紧张矛盾。

本书最后详细分析了波特兰 20 世纪 80 年代的政治行动主义，这种政治行动主义形成了现在著名的大都市成长边界。阿博特认为这项规划实验是“波特兰之路”的胜利：愿意交流沟通，并且参与交流的人员范围越广越好。他认为波特兰处在一个脆弱的情况中，并没有给出对城市未来发展的预测。

引　言

波特兰的历史个性

1970 年，美国波特兰市的艾拉·凯勒水景广场工程完工，此项工程获得了当地居民的掌声和全美的赞誉。艾拉·凯勒水景广场位于波特兰市中心南部边缘附近的市改造区，是一个匠心独具的景观，覆盖了整个城市街区。虽然其设计师劳伦斯·哈普林和安吉拉·达娜婕娃都不是波特兰的市民，但却打造了一个可以代表波特兰城市建设的城市地标——一个带有环境主义和城市主义独特价值的喷泉景观。

艾拉·凯勒水景广场坐落在办公楼和停车场之间，这里既像一片乐土，又像城市的庇护所。水景广场的一系列开放空间使波特兰市内高层改造区不再单调。水景广场的倾斜轮廓将城市街区变成了一个类似瀑布山流的景观。灌木和乔木环绕出一片片凉爽的林中空地。喷泉喷出的水聚集在顶部狭窄的通道上，围绕着混凝土和人造巨石上下涌动之后，又翻身汇入水塘。当游客的目光转移到汹涌的水面时，这个景观响应了城市公园的奥姆斯特德原则[①]——将游客的注意力引到城市之外。

图 1 艾拉·凯勒水景广场（C·布鲁斯·福斯特）。艾拉·凯勒水景广场（最初是前庭水景广场）在波特兰红极一时，受到全国各地设计评论家的好评。1970 年，在喷泉的落成典礼上，100 名嬉皮士自发地跳入水中，自此，广场水景有着相当密集的利用率。设计师劳伦斯·哈普林告诉作者，他看到了一个“水景广场的新榜样——作为一个积极的参与式景观中心，人们可以使用它、享受它、进入它，而不仅仅是一片视觉观赏区域”

这里也为密集的城市使用而设计，它是市政礼堂前的服务性广场。尤其早年间，尚处于生长中的植被还不能阻挡视线，这里是一个具有社交功能的公共空间。商人们会在上午 11 时离开工作岗位观看喷泉水池开演。居民会带着一大家子在夏日的周末去温泉野餐。嬉皮士在水池里洗澡、抽大麻或者给城市公园委员会捣乱。水景广场还承办岩石音乐会、芭蕾舞表演、洗礼仪式和婚礼等活动。

当代波特兰还提供了许多类似上文所说、都市生活与自然景观有机结合并创新性共有的案例。居住在大都会区的居民自愿缴税，用来改善河道、公园和其他公共空间。与此同时，波特兰持续扩建轻轨和有轨电车线路，以提高土地利用率。波特兰有两个非常特别的城市标志，用于在官方和非官方场合，代表其浓厚的社区意识。其一是于1986年成为波特兰官方城市符号的大蓝鹭，这种体态优雅的鸟类在湿地中栖息，也会在波特兰的城市中穿行。波特兰市长巴德·克拉克喜欢在清晨沿着威拉米特河享受独木舟漂流，对他来说，大蓝鹭就像是自然赐予波特兰的吉祥物。直到现在，大蓝鹭还会出现在城市信头的花纹上，出现在小啤酒坊的标签上。另一个标志是巨大锤子型的“波特兰迪亚”铜像，从后现代主义的城市办公楼指向，位于市中心的巴士购物中心，这个雕像的指向代表了由市政生活到商业活动的流向。“波特兰迪亚”雕像落成时，成千上万的波特兰市民自发性地举行了庆祝活动。他们在这个周日的早晨走出家门，观看这座橙红色的女神像跃上河面，坐落在其位于市中心的基座上。

环境主义和城市主义之间这种微妙的平衡造成了一个极富创造性的紧张局势，这个紧张局势塑造了波特兰过去一代人的性格。在20世纪的最后25年里，波特兰人试图重新定义并且跨越城市和区域规划的根本鸿沟。长久以来，现代城市的建筑者一直都在“扩大城市范围”与“提高城市容量”的选择之间徘徊——到底是“降低都会区整体居住密度”还是“提高土地利用率”。在专业规划实践方面，我们看到了区域范围内城市形态的规范性“映射”与市中心和社区的详细小区域规划之间的差异。在波特兰案例中，环境保护主义作为城市规划目标明确了弗雷德里克·劳姆·奥姆斯特德和刘易斯·芒福德的想法，他们对于城市和城镇的视角与民主地方主义自然和耕地环境相互交织。波特兰不拘一格的城市主义者借鉴了简·雅各布斯和威廉·怀特的见解，提倡公共空间中的公民互动价值和约翰·斯图亚特·穆勒的理论，讨论了社会和文化多样性中创造性与自由性的影响。

这所导致的一个结果就是草根环境保护主义和邻里保护的公众参与度越来越高。波特兰地区的小水道、湿地和自然空间得益于 75 个以上“某某之友”的组织，如：森林公园之友、法农湾之友、哥伦比亚困境之友、麋鹿岩岛之友以及类似监测发展压力和倡导恢复计划的组织。此外，波特兰还拥有 20 多个社区发展公司，并拥有 100 多个由城市出资但由社区控制的社区协会网络的国家媒体。

这种观念与现实之间的抉择在美国所有都会区都很常见，也是规划和政策词汇中的核心术语。然而，波特兰可能是少数几个积极调停其内在紧张关系的城市之一。引用 1990 年《经济学人》(*The Economist*)② 中的一句话，波特兰是美国大城市中为数不多的、“适合工作的地方”之一。[1] 波特兰在历年宜居城市榜单中的排名一直很靠前。

1988 年，纽约州立大学布法罗分校规划与设计领域的专家举行了一次官方民意调查。调查认为，波特兰是美国诸多城市中在城市设计方面付出努力最多的城市。而且，当举办 2000 年新城市主义大会时，波特兰是该大会的策划者，也一直不断地鼓励先锋建筑师的发展。[2] 波特兰还定期出现在全美最佳城市管理的榜单中。[3]

事实上，在过去 10 年里，很多书籍都推举波特兰为值得效仿的美国城市。亚历山大・加文（Alexander Garvin）在《美国城市：什么有用与什么无用》（*American City*: *What Works and What Doesn't*）（1996 年）以及理查德・莫（Richard Moe）和卡特・威尔基（Carter Wilkie）在《换位：扩张时代的社区重建》（*Changing Places*: *Rebuilding Community in the Age of Sprawl*）（1997 年）中进一步夸奖了波特兰市中心。罗伯特・卡普兰（Robert Kaplan）在《帝国荒野：旅行进入美国未来》（*An Empire Wilderness*: *Travels into America's Future*）（1998 年）中指出，波特兰的选择是与美国发展潮流的对抗。戴维・拉什在《内部游戏 / 外部游戏》（1999 年）里评论说，"波特兰大部分地区的生活质量是波特兰发展管理政策成功的最佳证据。在公园和其他自然区域……在强大、健康的城市社区……有一个有深度、坚实的波特兰市中心，市民会对他们的未来充满信心。"

1997 年，《乌特奈读者》（*Utne Reader*）杂志因为波特兰的"反城市扩张"事件而将其提名为第二"开明的”城镇。即使是笔法辛辣的詹姆斯·霍华德·昆斯特勒（James Howard Kunstler）也在《无处不在的地理》（*The Geography of Nowhere*）（1993 年）中写道，波特兰“似乎蔑视那股力量——那股使美国其他地方的城市生活变得混乱嘈杂的力量……智能规划，附带一点点地理优势”使波特兰成了让居民“值得感到自豪”的城市。[4]

总之，以上这些积极的评估表明了波特兰这座大都市已经接近于一个良好城市形态的新兴模式。在 20 世纪 90 年代，此模式主导的都会区规划和政策的讨论包含了一系列与平衡都会区特点有关的规范性规定，特别是它赋予了市中心维护的高价值，从而培养文化活力、促进社会凝聚力、支持国家竞争先进的服务业。自美国房地产研究公司 1974 年为美国环境保护局编制具有里程碑意义的扩张成本报告以来，倡导管理式增长的理论已经为他们的论证提供了实际的理由——即中心的都会区也应该是一个紧凑的都会区。将城市化土地集中在径向走廊和节点内可能会减少能源消耗，并使城市承担得起道路和公用事业系统的基础设施建设。

波特兰作为城市和都会区，因为开创性地实施了紧凑的城市模式而赢得了作为“优秀规划”城市的声誉。在城市景观和城市形态方面，波特兰将环境保护主义与城市主义相结合，形成了一套连贯的相互支持的规划和发展决策，并取得了成功。其结果是，简单来说，无论我们在政治影响力或投资分配中如何平衡这些力量，波特兰都是一个中心比边缘更加强大的都会区。从政治角度来说，波特兰将土地使用规划和对私人行为的限制视作社会公共利益的合法表达。

其他地区的观察家有着相同的目标。他们想要弄清楚波特兰成为其他城市榜样的原因。政治记者大卫・博德（David Broder）在1998年写道，“波特兰一直是一个先驱者”，其努力对全国社区的交通和增长、中心城市周围的毁坏和郊区侵占农场与森林的问题都有影响。[5] 美国副总统阿尔・戈尔（Al Gore）在1998年曾写道，波特兰是世界上可能性最多的地方，那里的生活质量规划会刺激经济增长而非抑制经济增长。很快，乔治・威尔（Gorge Will）反对以戈尔为代表的人们对波特兰的羡慕之情。他认为波特兰实际上亟须处理交通和房价通货膨胀的问题。来自传统基金会和卡托研究所的自由市场人员回应了威尔的问题，而《国民评论》（*National View*）则将波特兰称为是“智慧增长运动的波将金村”③。布鲁金斯学会城市和都市政策中心的布鲁斯・卡茨（Bruce Katz）写道，波特兰“领先美国大多数地方”，建筑教授罗杰・刘易斯说，波特兰是“全美最成功的管理与城市规划典范……是几十年来开明决策成功实施的产物，这座城市理智地发展并保持着优美的景观。”[6]

这些调查了一个重要的历史与政策问题：中型省会城市如何成为榜样和典范？对于1845 ~ 1970年这段时期

来说，波特兰是一个典型的美国城市，但不是一个杰出的美国城市。“你会在谈到城市海岸时听到波特兰的名字，波特兰像罗马一样，有着古老文明的轻松和舒适，”沃尔特·海因斯·佩奇（Walter Hines Page）在 1905 年如是写道。波特兰作为一个相当温和的社区，经常被描述为狂野西部地区的精致绿洲，避免可能影响其“保守主义和舒适”的极端情况（引自：1903 年，雷·斯坦纳德·贝克）。[7] 在早期的几十年中，波特兰市的劳动管理冲突、种族主义暴力和招摇的资本主义比旧金山西雅图和丹佛要少。波特兰人是追随者而不是领导者，20 世纪初，波特兰人在举办世界博览会，创建公园系统，介绍城市规划时，都仿照了东方模式。

然而，相对缓慢的经济增长给 20 世纪六七十年代的社会活动家提供了巨大的优势。一方面，第二次世界大战繁荣之后的经济稳定控制了普遍的土地出空问题，并且推翻了重建整个市中心的大规模现代主义计划。另一方面，经济稳定为在 1945 ~ 1974 年间国家繁荣中培育出来的自信一代提供了尝试的自由。适中的规模能够使居民将大都会地区看作一个整体，通用同一种解决方案。在规划术语中——它曾经，而且现在仍是——“可视化”。种族同质性允许这些来自同一地方的居民成为单一社会群体的成员。波特兰好奇且守旧的非党派委员会制度为新的候选人提供了多种机会——将新的想法引入地方政治。

正如我在 21 世纪初所写的那样，上一代的成功可能正将波特兰推回到全美普遍发展模式上。毫无疑问，这座城市已经失去了 20 世纪 70 年代的绝妙之处。不断上涨的房价已经迫使嬉皮工匠们搬到郊区。那座在第 20 大道东南部的、有着 200 年历史的房子曾经用美国星条旗的涂装迎接我，但现已被社区发展公司修缮并且漆涂成严肃单调的样子。在波特兰艺术博物馆展出的旅行大片如今得到了更多的赞赏，而复古真空吸尘器收藏展和埃尔维斯的 24 小时教堂[④] 则只收到寥寥无几的关注。“好咖啡，不顶嘴”，这是当地一家咖啡公司使用了 20 年的口号，它也可能会在一个有 60 个星巴克咖啡店的城市中出局。

为了从文化转向政治，经济的快速增长引发了人们对波特兰失去其特殊宜居性特质的担忧。当填充式的开发建设将空地建满房屋，用新办公大楼替代廉价住宅酒店，并要求地方政府将城市发展边界扩展到浆果田和蔬菜场时，“零增长”的倡导者们就会找到共鸣。对于那些能在一定程度上影响土地使用和运输政策的自由市场拥护者来说，这些成功的城市规划也挑战了他们的意识形态。因电子和软件技术创业的兴起而获得财富的人对大多数地方的政策并不关心。波特兰的许多中产阶级仍然坚持低税、小政府和民粹主义，这是一种值得铭记的、被神话的个人先驱主义传统的观念。但是新移民往往带着新的才能，并且有强烈的愿望，希望保留住每一个他们发现的有吸引力的城市特征。

我在引言中将波特兰作为兼顾城市与乡村的国家模

范，以此作为本书的出发点。本书致力于评估波特兰自20世纪中叶演化而来的城市“人格”。我的目的是讲述场所和人之间的联系，还有这些关系在政治和政策上的体现。我想探寻波特兰自身的独特环境与波特兰人作为都会社区成员的感受之间的相互影响。我也想利用艺术家与作家的深刻见解，用波特兰人对其城市的看法和感受去理解这个地方。我不仅讲述景观和规划法规，而且还介绍社会变化、社区价值和地域文化，以及正式决策。

在这些具体话题背后，有两组棘手问题亟待关注。第一组问题是：是什么让波特兰人团结在一起？是什么样的价值观、共同经历和特别的机构给予了他们一种社区感？第二组问题：是什么样的特质、行为和价值观让波特兰的六个乡村马特诺玛、华盛顿、克拉克马斯、克拉克、哥伦比亚、扬希尔不同于其他地方？印第安纳波利斯或堪萨斯市也与波特兰具有相似的区域中心，是什么使波特兰人与这些城市的市民相区别？

因为我们已经了解了波特兰发展的基本概况，所以我们可以提出这些问题。标准城市历史肖像——通常称为城市自传——以城市的建设过程作为叙事主线。它们关注经济活动、移民、实体发展、民间组织和政府之间的相互作用。它们把经济、实体城市作为框架，使我们能理解公共和私人机构、社区、民族团体和社会阶层的成长。这是一个宏大的主题。重要的是要了解——比如西雅图是如何且为什么能成为普吉特湾的伟大城市，又比如纽约是如何解决城市增长问题，同时超过费城成为美国大都会的。当地历史博物馆以这条叙事线来规划展出，其中就包括在俄勒冈州历史协会举行的“波特兰”展览。展出了由E·金巴克·麦科尔（E. Kimbark MacColl）、哈里·斯坦（Harry Stein）以及凭借“哥谭历史”获得普利策奖的作者伯罗斯（Ed Burrows）和迈克·华莱士（Mike Wallace）所著的关于波特兰权利、政治和经济增长的三部主要著作。[8]

城市传记是首要的第一步，现代的城市化区域可能会延伸横跨50英里（如波特兰）、100英里（如费城），甚至150英里（如洛杉矶），现代城市化区域有着全新的划分原则。对都会居民最重要的划分可能来自宗教分歧（自由与传统的世界观），或者子区域之间的竞争，或者来自产业之间的隶属关系（如洛杉矶制衣工人与洛杉矶娱乐业企业家）。事实上我们每个人都了解且使用着城市中的某一部分，无视其他人的存在，划分出自己的独有区域。这些个性化的独有区域、个人空间相互作用，构成了我们仍在尽力了解的城市模式。事实上，我们的任务就是让生活中看不见的模式变得更加清晰。

对于波特兰来说，最主要的挑战是弄清楚自然景观和历史因素如何使这个独特的城区变成具有明显“非美国”特点的都会区。“政治活动的增加”永远不会在我的思维里消失。联盟建设、公民领导和选举的政治进程可以在“濒危物种法”中规定的鱼类清单规划这类事情中体现得十分具体。但是政治也可以像改变社会模式和文化偏好一样宽泛。它打造了经济和城市景观，不断满足每一代人对良好城市的理解。

思考 21 世纪之初波特兰的历史和个性时，我确定了一些城市特点和冲突表现，它们可以作为了解波特兰经验的窗口。这些主题、问题或矛盾塑造了波特兰特有的城市地带。

波特兰在过去与未来的矛盾中取得了平衡。与拉斯韦加斯或圣何塞这两座城市不同，波特兰并非一直在向前发展。这座城市如今广受好评的一个原因，便是它给人一种 20 世纪 50 年代城市的感觉。换句话说，这座城市最过人的美德之一，便是在适应经济和人口变化的同时，始终保护并发扬着前几代城市的精华。从一定程度上讲，这种结果是个美好的意外。波特兰避过了经济爆炸性增长，也未经历惨淡的萧条。相反，几十年间，城市在不断自我巩固中成长。在太平洋西北地区的城市中，西雅图好似一只兔子，而波特兰则更像一只乌龟。斯图尔特・霍尔布鲁克（Stewart Holbrook）于 1952 年在《遥远的角落：太平洋西北地区的个人观点》（*Far Corner: A Personal View of the Pacific Northwest*）中这样描述："西雅图的特征简单而清晰。这是一个思维单一的城市，一直想要成为一个更大、更好的西雅图。相比之下，波特兰则展现出了市民性格的复杂性……尽管很多大人物都希望波特兰能成为下一个纽约或芝加哥，就像很多人已经很满意当下的状态，不论这个当下是 1850 年、1900 年还是 1950 年。"[9]

图 2　波特兰大厦（俄勒冈历史学会第 80983 号）。建筑师迈克尔·格雷夫在 20 世纪 80 年代初一次全国设计竞赛后建造的波特兰大厦使这座城市跻身后现代美学之列。它的东立面高耸于 19 世纪城市的主要聚集地——卢恩斯代尔和查普曼广场之上，使 1990 年一位热情的市长送给这座城市的青铜麋鹿显得矮小很多。——这座雕像纪念了曾从西部山区来到威拉米特平原生活的麋鹿。“波特兰迪亚”雕像位于波特兰大厦西立面的二楼

尽管如此，2001 年的波特兰仍然在艾森豪威尔年代的城市中显得非常与众不同。经历了社会和经济快速变化的一代以后，波特兰显示出新旧经济体之间的紧张关系。俄勒冈州的商业部门充满了与硅森林投资、软件创业公司和亚洲航线相关的新闻，当地体育版上则都是关于狩猎和捕鱼的信息。该市曾依托资源开采和直接加工的“老西部”经济增长方式，是木材产品、家具、面粉和羊毛的生产基地。但传统经济已经被带有电子和专业服务的新型信息化产业所覆盖。因此，波特兰的高层市中心虽坐落在满是仓库的轻工业的工业保护区旁，并

以老西部的依托自然资源发展方式而自居，但仍会设想其信息化产业和服务蓬勃发展的未来。这种新旧经济的紧张对立不是刚刚开始的不是新生的。很多年前，理查德·纽伯格（Richard Neuberger）于 1947 年在《星期六晚报》（*Saturday Evening Post*）上将波特兰描述为一个有“分裂个性”的小镇。波特兰无法下定决心是否要成为一个传奇的工业巨人……或是一个坐拥土地的、修剪着玫瑰的土地主，想象着观察鲑鱼上游到它们的产卵地……波特兰是一个乡村与都会的混合体。[10]

与经济对比密切相关的是平衡城市与国家的价值之间的挑战——这个挑战已经拉开了序幕。波特兰在向大都市化发展，但许多市民仍认为与自然环境的亲密关系是该城市最大的资产。波特兰因其繁荣和热闹的市中心、老城区以及环境敏感地区，如受保护的农田、湿地和 3000 英亩的森林公园而闻名遐迩。波特兰被小心地“放置”在这里的山水之中，这里的居民极力使波特兰复杂而矛盾的建设主张能够适应水流、山谷、山脉和生物群落的自然环境。从字面意义上寻求区域联系，波特兰是一个“省级城市”，这也是其身份认同、自我满足和偶尔尴尬的原因。

在波特兰历史上还有潜伏的尴尬。任何对现代都会切实可行的评估都必须将波特兰改革派的声誉与其强大的、历史根深蒂固的社会保守主义相对比，以权衡优劣。例如，波特兰在大部分历史时期（从 20 世纪 20 年代的抵制非洲裔美国人到三 K 党的早期领土法、20 世纪 40 年代的反日情绪，以及 20 世纪 80 年代的平民暴力）都是白人主导的城市。它的社交风格保守，对艺术和慈善事业又相对吝啬。1996 年俄勒冈州在调整后的总收入中排名第 25 位，虽然俄勒冈州慈善捐赠额一直在上升，但按照所得税申报表列出的慈善捐款排名中它是第 40 位。[11]

有时，波特兰的公民和商业领袖们会对波特兰过于自鸣得意。在西北地区经济优势的比赛中，波特兰可能已经输给了西雅图。接下来，波特兰的区域对手则是 800 英里外远跨多个山脉和鼠尾草平原的盐湖城。历史学家金巴克·麦科尔（Kimbark MacColl）已经意识到它的“坚实，可敬，尊严，保守主义”的倾向。[12] 保守价值意味着政治节制、保护自然环境的承诺、对现状的高度满意以及拒绝为公共服务和设施提供资金（尽管在公园测量环节做得很好）。一位记者在 20 世纪 30 年代写道：“如果想知道波特兰面对压力时会如何应对，只需要设想卡尔文·库利奇（Calvin Coolidge）⑤ 的做法就能知道啦。”[13]

波特兰的紧张局势是由于努力平衡区域和国家未来的两个愿景所造成的。波特兰人总是觉得自己得到自然资源的庇佑；他们期望畅通无阻地进入户外资源开发和娱乐中。但区域景观也产生了一种局限感；高山和厚厚的云彩象征性地提示他们，自然界不是一个无限的系统，不会无休止地满足人类的愿望。长久以来，对自然原始资源的需求（至少对木材的）将波特兰人拉入享受式的生活，丧失了野心。我们不会工作得太拼命，不然就无法享受城市生活的地区景观了。虽然在上午 8 时就开始工作，但会在星期五和夏天的晚上早些收工。“慢节奏”是一个世纪前的特点，快速轨道计算机和互联网经济之间的战争也是波特兰一个很好的代表。风险资本家有时认为，与硅谷企业家相比，波特兰企业家对赢得风险资本家投资的渴望不够强烈。市民认识到人口增长为高端文化和交响乐、艺术画廊、餐馆等高雅消费提供了市场基础——但是波特兰的市民不想要一个吞没其生存环境的城市。

本书由三个专题章节组成:《地理》、《公民》和《规划》。第 1 章讨论了波特兰的环境和景观是怎样塑造城市经济和价值观、文化和期望的。第 2 章探讨了个人价值观、种族和产业联系（伐木工人、律师和程序员）如何创造出若干个不同的利益共同体，以及大都会区将如何规划这些利益共同体。第 3 章讨论了波特兰人如何通过规划和政策有意识地塑造自己的定位，这实际上使第一章环境和景观塑造出的波特兰发生了改变。

这些章节里的每一个话题——自然环境与经济、社会与文化生态以及公民环境——都是在区域历史的背景下形成的。这些话题也会放在区域环境中进行探究。从微观角度来讲，是街区和邻里社区；从中等层面来讲，是城市及其六个都会区；从宏观角度来讲，是大都会区与大西北地区腹地、旅游地、雨林和卡斯卡底古陆之间的联系。

许多人认为波特兰的小乐趣是最好的：市中心广场和路面电车时代的购物区、喷泉和公园、咖啡馆和微型啤酒

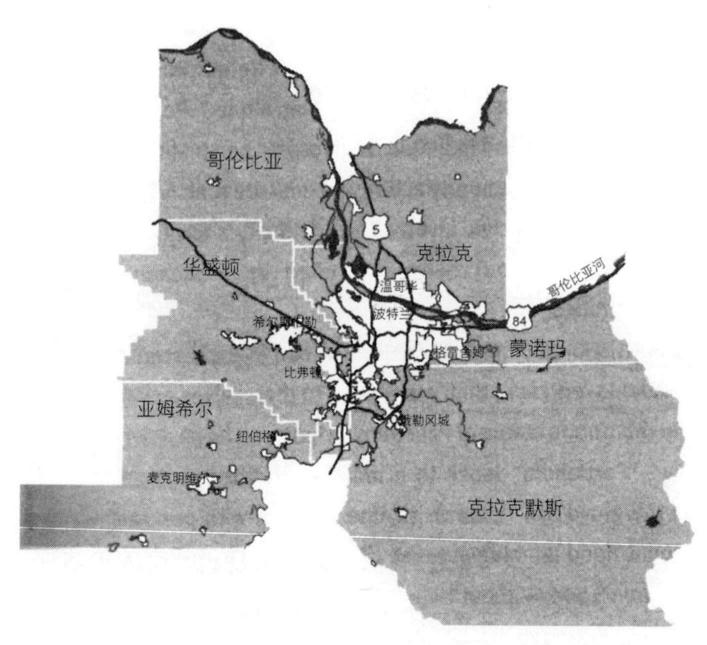

图 3　波特兰地区的市县（伊里娜 · 沙尔科娃，波特兰州立大学）。波特兰地区包括中部城市，截至 2000 年有 50 多万居民，4 个城市人口在 9 万到 13.8 万之间，另外 15 个城镇人口超过 1 万

厂、书店和自行车道，像圣约翰斯和布鲁克林区这样有着温和而坚定的自我意识的社区。因为每个区都有自己的特点和地域感，许多波特兰市民坚持认为他们生活在一个过度发展的小镇，而非一个“大都市”。《*Monk*》杂志的 X 世代[⑥]作者写道:“波特兰仍然是随意的、友好的，最重要的是，来者不拒的”。“西雅图有点遥远、快节奏、成熟了。”[14] 但是，要谨慎思考、精细规划，将自己看做一个更大的区域去努力。事实上，对波特兰大都会最有说服力的批评之一就是经常没有远大的理想。

波特兰拥有全国性的公民参与和公民行动机构，但其政治文化的可行性不断受到移民潮和私有化价值的挑战。城市地区肯定感到国家从公共生活中脱离退出了传统的社区组织，政治学家罗伯特·帕特南（Robert D. Putnam）将其总结为“独自打保龄球”[⑦]的趋势。波特兰人必须不断地趋向和维持他们的公民话语和社区行动的论坛和机构，并教授他们的邻居关于公民参与的过程。城市的传统节俭和对变化的谨慎经常会导致不作为和错失良机。

波特兰矛盾的自我意识表现在其居民如何向自己，又如何向世界展现这座都市的方式上。雕像保罗·班扬（Paul Bunyan）[⑧]看向过去，而“波特兰迪亚”铜像则看向一个更复杂的未来。不断增长的市中心天际线的图片与明信片上胡德山的景色形成对比。在贝弗利·克莱里（Beverly Cleary）的儿童读物中，亨利·哈金斯（Henry Huggins）和拉蒙娜·昆比（Ramona Quimby）的家庭，与斯图尔特·霍尔布鲁克（Stewart Holbrook）书中的地区历史丰富多彩的工人截然不同。1989 年古斯·凡·桑特（Gus Van Sant）的电影《药店牛仔》（*Drug Store Cowboy*）中格格不入的社会，或盖瑞·施耐德（Gary Snyder）诗歌中的老工会会员也各有特色。总之，在波特兰，我们看到社区的多种含义、对未来的多重理解，以及过去服务于未来的多种用途。

第 1 章

哥伦比亚河上明珠

坚不可摧的绿地

胡德山盘旋在波特兰之上，如同上帝一样俯视着一切。

许多城市的标志性景观以天际线或人造景观为特色——比如：埃菲尔铁塔、大拱门与勃兰登堡门、泛美金字塔与帝国大厦。

波特兰的自然环境取代了大教堂的尖顶或国会大厦的圆顶。当冬天的乌云散去时，胡德山在午后的阳光下闪闪发光，“胡德山终于出现了，”现在流淌在波特兰水管道里的是胡德山西北部河谷的雪融化后形成的纯净且未经处理的水。我们偶尔会担心活火山小幅度活动时胡德山可能会突然爆发——就如同 1980 年的圣海伦斯山一样；地质学家已经将最有可能爆发的熔岩和火山灰流定位到了波特兰的东郊处。但是一般情况下，胡德山就像游乐场和背景幕一样，在偶尔晴朗的冬日清晨，在

图4　从华盛顿公园（位于俄勒冈州）眺望胡德山。波特兰人用东部地平线上的胡德山风景来标记天气和季节：胡德山时而浮现在层层云海之上，时而覆盖在闪耀的新雪之下；时而伴随着冬季日出的霞光万丈，时而沐浴在夏夜柔和的月光里

蔚蓝晨曦和夏日夕阳的映衬下，胡德山呈现出淡淡的粉红色。“白色的山峰如真理般赫然耸立、又好似一副超先锋的糟糕派绘画。①”小说家罗宾·科迪（Robin Cody）在《里科特河》（*Ricochet River*）里总结道。[1]

波特兰的另一个图标是玫瑰。有些地方可能以重工业产品而为人所知，比如艾恩城和摩城。波特兰的城市公园和前院种植了数以万计的玫瑰。早在1889年，律师兼文学家C·E·S．伍德（C.E.S.Wood）就提议每年举办一次玫瑰展。到了21世纪，市民领袖和记者把波特兰建成了“玫瑰之城”，并很快举办了一年一度的玫瑰花会，届时将安排游行，由女王和皇家玫瑰花鉴赏家监督这一庆祝活动。很久以后，丹佛和洛杉矶等城市放弃了世纪之交的城市宣传节日，但是波特兰仍然在每年六月举办玫瑰节，车门上画着明亮的红玫瑰，中间夹杂着“梦想之城”的口号。有些警车甚至还有自己的红玫瑰贴纸。

旅游手册和商业推广手册的宣传照片则结合了这两幅图像。摄影师将三脚架放置在位于中央商业区西侧的华盛顿公园的玫瑰花园里。玫瑰优雅地绽放着，而市中心的建筑物衬托了山的形象，通过长焦镜头在城市上空浮动。虽然它的山顶距离波特兰市区50英里，山体高于城市11000多英尺——比科罗拉多州的朗斯峰高出很多，比欧洲最高峰因特拉肯的少女峰也只矮几百英尺。波特兰地区政府Metro② 执行董事迈克·伯顿（Mike Burton）

图 5 《来自南方的风》(斯蒂芬·莱弗拉，蚀刻版画，1984 年，波特兰视觉影像编年史)。波特兰的雨水来自东南方向，逆时针方向的风来自太平洋上空的低压中心。在 2 月至 6 月的雨季，雨带与晴朗的天空交替出现，斯蒂芬·莱弗拉向南拍摄的市区和西山区的天气模式

声称，波特兰的未来愿景可用以下两句话来总结:“人人都能看到胡德山”，而且“每个孩子都可以步行到图书馆”。[2]

玫瑰种植具有调节俄勒冈州西部海洋气候的功能。波特兰位于西北部的沿海多雨地带，这条多雨的海岸线从加利福尼亚州门多西诺一直延伸到阿拉斯加群岛，阿拉斯加群岛的极端天气由空气的湿润度和干燥度，而不是气温的高低来定。与它类似的地区位于西海岸和中纬度地区，那里盛行的西风带走了极地海洋气团中的水分，但靠近海洋的地理位置调节了温度变化的范围。在智利南部、塔斯马尼亚州、挪威、西班牙北部、法国和不列

颠群岛，波特兰人会有一种宾至如归的感觉。这样的地方还有西雅图、维多利亚、惠灵顿、霍巴特、毕尔巴鄂、波尔多和布里斯托尔。玫瑰的标志不仅反映了 19 世纪末美国人的文化血统，而且反映了生态系统的共同点。波特兰西南部郊区的葡萄酒产业自 20 世纪 70 年代以来发展良好，这并非徒有虚名，而是缘自俄勒冈北部和法国南部有同样适合葡萄生长的纬度。

波特兰人密切关注着北太平洋的天气。风暴季节在 10 月下旬或 11 月到来，此时阿拉斯加湾形成低压，急流向南下降，横扫北部各州。逆时针方向的漩涡围绕着厚厚的大气层，从西部和西南部向俄勒冈州输送潮湿的太平洋空气，将一圈又一圈的云层推向海岸。来自夏威夷等西南地区的暖湿气流带来大范围的强降雨，在河谷和山脉间登陆，人们为这种天气现象取了个简称:“菠萝快车（Pineapple express）”。

2 月份大风暴减弱，取而代之的是 2 ~ 6 月漫长的阵雨季节。春天来得很早，2 月份番红花盛开，3 月份水仙花盛开，其次是果树和杜鹃花，而 6 月份则庆祝玫瑰盛开。晴朗天气和阴雨天气交替出现，时而阳光明媚，时而阴雨连连，时而气候温和时而有些寒冷，一直持续到 5 月份。春天的花在寒冷潮湿的季节里持续开放了几个星期。

7 ~ 10 月阳光明媚。一道高压脊从加利福尼亚州向北形成，取代了冬季的低气压，推动急流越过加拿大。西北方向的顺风吹来凉爽但相对干燥的海洋空气，从哥伦比亚河一直吹到波特兰，俄勒冈州海岸因此降温。夏季，波特兰的降水量仅有 6%。北纬 46°（与新不伦瑞克省的弗雷德里克顿纬度相同）的波特兰几乎没有极昼，但是夏季日照比俄亥俄河或切萨皮克湾沿岸的中心地带更长。

凉爽、干燥的夏季与潮湿、温暖的冬天结合在一起，使北美的西北部拥有了世界上最大的针叶林。自然景观中的落叶树生长在低地、溪流边缘以及其他潮湿和阴凉之处。沿海山脉和瀑布覆盖着厚厚的森林锁、雪松、杉木、冷杉和道格拉斯冷杉。在干燥的夏季，含蜡的针叶树可以节约水分；锥形冠则充分利用斜向冬季阳光连续进行光合作用。西北地区的针叶树与其落叶树的木材体积比为 1000：1。

夏季最后几周的天气十分干燥，极易发生森林火灾。当高压从加拿大中部向西南方向偏移，并停留在爱达荷州时，内陆的热干空气涌入哥伦比亚河峡谷，使波特兰的气温达到了 90 ℉甚至超过了 100 ℉。炎热的阴霾涌入城市，房主都希望能装一台空调，但是新建的房子里很少安装空调，其实空调在所有房子里都很少见。

当热量持续升高，燥热穿过森林中下层植被地带，会形成带涡流的林火。波特兰永远也不会忘记 1933 年 8 月发生的“蒂拉穆克火灾”事件。在波特兰以西的海岸线，那片有 400 多年历史的森林因伐木链摩擦起火而毁于一旦，那场火灾持续了 23 天，烧毁了 24 万英亩的森林。1939 年、1945 年和 1951 年火灾反复发生，导致总面积

35.2 万英亩的烧毁区在 20 世纪 40 年代变成了荒凉的土地。历史学家罗伯特·费克斯（Robert Ficken）到现在还记得，在 50 年代威拉米特河谷与海岸之间的一次旅行中，那次“令人敬畏的蒂拉穆克之火”:“一英里接一英里地在威尔逊河公路(俄勒冈 6 号公路)上行驶,将灰烬、黑漆漆的断枝和毁坏的栈桥等荒凉的景色尽收眼底。”[3] 在 1950 年至 1970 年间，25000 名学生重新种植树木、重建社区，并将火灾、社区努力和再生的故事定格在了人们的记忆中。“植树和公民成长息息相关”是他们的口号，俄勒冈州的诗人威廉·斯塔福德（William Stafford）在火灾发生的几年后回忆道:

群山聆听了神的召唤，

它们燃起为时数周的火焰，

锯木厂垃圾喷吐的火舌是神的语言，

你能在山岩间将它发现。[4]

尽管发生了火灾，但波特兰的天气总是灰蒙蒙的。除了阳光明媚的 8 月份没有雷雨天气，冬天的低空总会引起人们的注意——灰色的毛毛雨，短暂的冬日阳光。云就像是灰色的海绵，在喀斯喀特的西坡上拧成一团。冬天的天气可能使抑郁症的患者病情恶化。但这些灰蒙蒙的日子也同样是舒缓情绪、温暖身心的时光，这朦胧的天气使人们更能沉静地思考。波特兰的杂志订阅率超过了全美大部分地区。波特兰人是狂热的书虫和科幻粉丝，他们在阅读上的花销比其他美国人平均高出 37%，19 世纪波特兰法学家马修·戴迪（Mathew Deady）称“波特兰的好公民比圣弗朗西斯科的公民睡得更香，活得更久。”[5]

波特兰的作家赋予了雨水更大的意义。大卫·詹姆斯·邓肯（David James Duncan）在《大河问询》（*The River Why*）（1983年）中提到雨是一种慰藉：“这是八月以来一直细雨霏霏，这是第一场酣畅淋漓的大雨。一场雨水倾洒在河边的游泳池上，在新的水坑中流淌着……我被一场凉爽的，母亲般的大雨哺育着、爱抚着、包围着……我意识到雨是一位心灵助手，这场雨的确抚慰了我。”[6]；雪莱（Shelley）在《奥兹曼迪亚斯》（*Ozymandias*）中写道，“漂流的沙滩和时间是伟大的平层”。在大草原长大的卡尔·桑德伯格（Carl Sandburg）写道，“我是草地，让我生长吧”，唤起自然对抗虚无的力量。威廉·斯塔福德（William Stafford）则是这样形容雨的：

“雨啊　我的政党”

它为每个人沐浴，它爱那上仰的脸庞，

它落在网球场和人行道上，为它们鼓掌；

它的手指带着疼痛，穿过森林，

清点着路过的枝条、动物和童子军。

它熟悉每一张面孔，无论是盲人、罪犯、

乞丐还是百万富翁，抑或

隐匿的大臣和绝望的孩童。

它能找寻所有亡者的行踪，借由

墓前的碎石和土丘，抑或

借由那更深之处对这场甘霖的恳求。
雨水进行的普查不输于任何政党，
它关心着一切，而没有偏颇的政治倾向。

愿您健康，国会大厦中的雨首长；
雨滴舔舐着每一块岩石，它热爱我们国家的形状。
让今年的风雪大作，
为它自身的神秘制定法则：我们低空的冬雨
装饰在绵延数英里的树上，为了探索。
这装饰是一层冰冷的玻璃纸，
如此潮湿，银光闪烁。
它相信它触碰到的一切，并持续着它的旅程，
每一次旅程都将一种美德推行，
透明、诚实、善良、公平——
漫长的旅程啊，我的首长，谁能知晓它的结局[7]？

美国西北部是风暴海岸，也是多雨的海岸。波特兰的地理位置导致其必然遭受恶劣天气循环的影响，这是由于北太平洋的水文循环造成的。10 月初，邓肯丝丝柔柔的雨很快就经受了沿海大风的攻击。秋天一到，秋分风暴就在威拉米特河谷里咆哮。每个哥伦布日都会使人想起 1962 年的那场暴风雨，那天飓风席卷而来。1 月的暴风雪包裹着道路和树木，当潮湿的海洋空气在哥伦比亚河峡谷口岸与大陆冷气碰撞时，人们最好熄灭灯光，封闭高速公路和跑道。

所以，俄勒冈州的作家选择风暴作为他们伟大地域小说的引言和枢纽，就并不令人感到意外了。在唐·贝里（Don Berry）的著作《特拉斯克》（*Trask*）（1960年）中，寒冷驱使着降雨，而住在山里的老人却沿着海岸跋涉。在普利策奖得主H·L·戴维斯（H.L.Davis）的得奖小说《号角中的蜜》（*Honey in the Horn*）（1933年）中，年轻的克莱·卡尔弗特（Clay Calvert）在暴雨中漫步："即使是已经习惯了下雨的国家，也认为那是一场值得铭记的风暴。"在《永不让步》（*Sometimes a Great Notion*）（1964年）中，肯·凯西（Ken Kesey）从描写水开始，讲述了发生在俄勒冈州海岸的独立伐木者的故事："沿着俄勒冈沿海的西坡……来看看：支流歇斯底里地汹涌流淌，汇入瓦库达亚哥河"。汉克·斯塔佩（Hank Stamper）与连年造访的滔滔河水顽强作战，只为保护他的家人和河边的房子。当其他人都明智地选择上山躲避之后，他在河岸上穿着盔甲，像一艘战舰一样继续战斗："这座房子坐落，在他们人工填充而成的半岛上，伸进了河流，一堆难看的防波堤周围全是木材、绳索、电缆、装有水泥和岩石的麻布袋、焊接灌溉管、支架大梁和弯曲的火车轨道……所有这些能收集到的物品都被捆绑在一起，用绳索和链条绑紧，倚靠在河岸上。"[8]他通过采伐瓦库达亚哥河流域的树木来传承家庭传统，也是对工会和大公司的一种蔑视。在这本书的高潮部分，汉克无奈地看着乔·本·斯塔佩（Joe Ben Stamper）被困在河里，抓着一根从错误的河道掉下去的木头，等待身后的洪流将他吞没。

凯西、戴维斯和贝里都想要提醒读者那些来自消遣环境中源源不断的危害。虽然波特兰人在得克萨斯龙卷风和卡罗来纳飓风中幸免于难，却又在享受户外活动的过程中不断死去。这样的例子比比皆是：他们划着独木舟漂流，未曾预料的急雨和融雪引发的洪水倾覆了小船；他们在郊区表面平静的溪流里游泳，可水下的暗流会让他们溺死；他们漂泊在太平洋的海滩上，被冰冷的巨浪拖回海里，或是在冲浪时突然被巨浪掀翻。又如，每年有成千上万的人攀登胡德山，但是登山者们往往死于雪崩，又或者临时性失明，或者在松散的积雪中失足；他们可能在潮湿的小路上，在覆满青苔的石头上摔倒，倒在下面湿淋淋的岩石上；他们甚至会在晴朗的 10 月份去森林砍柴时，被风刮来的障碍物或是锯断的树木砸死。

西部的俄勒冈州一直是一片充满体能挑战的地方。早在 19 世纪 40 年代，于 10 月份抵达达拉斯的俄勒冈小道探路者们在登上美丽的威拉米特河谷伊甸园之前，就不得不面临一个痛苦的抉择。他们要么在积雪和污泥封路之前在胡德山南面找一条小路，要么把笨重的木筏绑起来划进雨后湍急的哥伦比亚河里。总之，到达威拉米特河谷最后的这几百英里将会是持续一个月全身湿透的过程。

19 世纪晚期到 20 世纪早期，波特兰周围充斥着强壮的伐木工人、磨坊工人、铁路工作人员、乞丐、斯堪的纳维亚渔夫，还有制作三文鱼罐头的中国人（直到原料处理机替代了人工作业）。那里也有来自阿斯托里亚的芬兰社会主义者，他们是土生土长的波特兰平民主义者，也是森林中为数不多的世界产业工会会员。当农民收割完庄稼，不再需要田地的时候；因为天气恶劣导致营地和火车站关闭的时候，这些季节性的工人就会涌入波特兰。

大多数季节性劳工都会在位于市中心滨水区 1 英里的单身汉社区里过冬。他们会置办一些新物件，在花光工资前享受干净的床铺，最后沦落到只能睡在廉价旅馆或是波特兰 200 个酒馆后房里。如果想找未成家的男人，波特兰人会告诉你，在埃弗里特和杰克逊街之间的滨海街区跟着嘈杂的音乐和陈啤酒气味走就行。从南部的洛恩斯代尔区到北部的伯恩赛德区是一个贫民窟，整条街区都是寄宿房屋、廉价旅馆、二手商店、小教堂、酒馆、妓院还有职业中介所。1900 ~ 1925 年的顶峰时期，该地区大约住了 1 万人，也让波特兰因此有了全美最大的贫民窟之一。

滨水区中间是为移民劳工服务的唐人街，难民的不断涌入使唐人街的规模不断扩大，波特兰的华裔人数从 1880 年的 1700 人增长到 1900 年的 7800 人。华丽的铁质阳台和唐人街上的纸灯笼给位于第一街和第二街的砖砌建筑蒙上了一种神秘的色彩。它与不远处的洛恩斯代尔和伯恩赛德区一样，也是一个由少数商人和成千上万名工人组成的男性社会。但这些工人业余时间常常赌博，吸食鸦片，而白人社会认为他们这样是恶习，警察会突袭他们脏

图 6　唐人街（美国俄勒冈历史学会第 3880 号）。来到波特兰的中国移民聚集在市中心的滨水区，他们利用带有阳台和装饰将老式商业建筑进行改造。波特兰曾经是西海岸的第二大城市，随着移民人数的减少，波特兰的唐人街逐渐缩小。在第二次世界大战期间和战后，中国企业搬到了伯恩赛德街以北，搬入了因战时日裔美国人搬迁而空置的建筑

乱的赌馆和鸦片烟馆，以此获得功绩，但却对赌场和酒馆中的白人视而不见。唐人街的存在给波特兰的欧洲移民一种对抗“其他”移民的快感，并且将权力牢牢掌握在手中。

长久以来，这个工人街区一直将上流社会的商业城市与单身汉劳工的野蛮文化联系在一起。1893 年的波特兰部长协会和 1912 年的波特兰副委员会发现，赌场和小酒店的老板居然是波特兰最显赫的家族。这些资本家不愿关停手上的酒水生意和性交易活动。这一转变来自机械化所带来的更大的经济利益，也逐渐减少了对于原始农场和林

图 7　日美历史广场（罗伯特·穆拉色联合事务所）。日美历史广场（1999年）是波特兰商人和市民领袖比尔·内藤实现的梦想，它坐落在繁忙的前院大道（如今的内藤林荫路）和一条繁忙的河边人行道之间。在天气晴朗的日子里，广场上绿油油的河岸被拉丁裔工人占据，高档专业人士下班后会慢跑经过这里。与波特兰的其他空间一样，它也是一种在视觉上引人注目的景观，供人们日常使用

业工人的需求。

20 世纪 80 年代，当最后一家出售工作靴和服装的商店倒闭时，新一波的墨西哥和中美洲移民潮给这片土地带来了另一种生活方式。贫民区域从 1 英里范围缩小到只有伯恩赛德街北部的几个街区，慈善避难所取代了廉价旅馆，在丑恶与清醒之间，可卡因也取代鸦片成了波特兰的一种商品。尽管如此，流浪汉仍然待在大桥下简陋的营地里日复一日地盯着外面的大雨，等待教堂提供的布施和祷告，而说西班牙语的工人则成了城市里新的临时工。

让我们把视线停留在晚春午后汤姆·麦考尔水滨公

园的北端。沿着前院大道和贫民窟的遗迹，新、旧时代的波特兰并存在一起。20 世纪 70 年代，河滨公园取代了六车道的高速公路，而在 30 年前，这里还是过时的码头和仓库。北太平洋火车站的旧广场现在是新一代中产阶级的居住地。这些中产阶级会沿滨海公路慢跑。高中的滑板爱好者和朋克爱好者在伯恩赛德桥下闲逛。失业者和来自拉丁美洲的劳工躺在草地上休息。他们四周围绕着日美历史广场的花岗岩石板，每一块石板上都刻着俄勒冈州诗人劳森・伊纳达（Lawson Inada）的短诗，仿佛在向人们讲述着移民、战时被驱逐出境和战后回归的故事。

伟大的威拉米特！
漂亮的朋友，
我在学习，
我在练习，
只为倾吐你的芳名。

黑雾翻涌，
横跨蓝天。
冬日刺骨。
这就是米尼多卡。

带着新的希望，
我们开启了新的生活。
为什么总在下雨的时候抱怨。

这是自由的意义。

河流经过的地方

天气造就了俄勒冈州的河流，河流造就了波特兰。

大都会地区位于自然交汇处。哥伦比亚河河谷由西向东流淌。普吉特－威拉米特海槽（Puget-Willamette Trough）从北向南延伸，那里的断层线在平行的沿海山脉和喀斯喀特处下沉了大块土地。北面，海槽在海平面以下形成了普吉特海峡和佐治亚海峡。再往南，它挡住了淹没喀斯喀特西侧的河流，将华盛顿州的考利茨河向南分流，将俄勒冈州的威拉米特河向北分流。即使是强大的哥伦比亚河也会在它与威拉米特河的交汇处向北转弯，在那里进入海槽，而考利茨河再次融入大海。

山上的积雪和春雨充实了河流。威拉米特河流入了喀斯喀特西斜坡和海岸山岭的东侧。哥伦比亚河起源于不列颠哥伦比亚、蒙大拿和爱达荷州的北落基山脉的西侧斜坡。哥伦比亚河汇集了奥卡诺根河、克拉克福克河、库特奈河，长达 1038 英里的斯内克河、雅基马河、约翰迪河和德舒特河的水流，然后流经哥伦比亚河峡谷的壮观河道后抵达波特兰，并汇入威拉米特河。每年春天，政府人员都会来测量雪的深度，让城市水利部门和灌区管理局制定出相应的大小年计划——滑雪者可以决定何时收起滑雪装备，水坝运营商可以决定何时筹备水库排放工作以维持发电和保证鱼道运行。威拉米特河年均流量是 2400 万英亩英尺。哥伦比亚河口处的年度排放量是 1.8 亿英亩英尺——为格雷特湖 - 圣劳伦斯系统流量的 70%，加利福尼亚州北部和密西西比河流量的 40%。与哥伦比亚河相当的是多瑙河，多瑙河从同等大小的流域中汲取了相同体积的水。

喀斯喀特山脉本身是由古老熔岩流连接而成的一系列火山峰。华盛顿州的火山峰有贝克山、雷尼尔山、圣海伦斯山和亚当斯山。俄勒冈州的火山峰有胡德山、杰斐逊山、三姐妹山和火山口湖山，这些都是梅扎马火山喷发后留下的残骸。拉森山和沙斯塔山构成了加利福尼亚州北部的整个火山阵容。近海面是卡斯凯迪亚俯冲带，向东的胡安·德富卡板块缓慢地在北美大陆板块下方移动。地表以下，俯冲带融化岩石构成了火山喷发的必要条件。由于受到摩擦力的作用，北美板块逐渐向上膨胀，直到在 8 级或 9 级地震中，压力伴随着一个急拉力释放出来才停止。上一次大地震发生在大约 3 个世纪前，在被淹没的沿海森林和沼泽地里留下了地震的痕迹。

哥伦比亚河和威拉米特河都是探险的好去处，也是盎格鲁血统的美国移居者行进的通路和商业之路，这也是为什么波特兰能一直成为美国西北部商业门户的原因。

18 世纪末、19 世纪初的北太平洋人受到了一股帝国野心热潮的影响。西班牙探险家布鲁诺·赫塞塔（Bruno Heceta）（1775 年）从墨西哥和加利福尼亚来到这片海

图 8　哥伦比亚河系统（伊丽娜·沙克瓦，波特兰州立大学）。从 20 世纪 30 年代到 70 年代的水坝建设使驳船运输成为可能，最远可达的内陆城市是哥伦比亚河上的华盛顿州帕斯科和斯内克河上的爱达荷州刘易斯顿。北太平洋铁路和联合太平洋铁路通过波特兰以东的哥伦比亚河峡谷到达西部港口，现在仍然如此

岸。俄罗斯毛皮贸易商从科迪亚克岛和巴拉诺夫岛向南移动。詹姆斯·库克（James Cook）（1778 年）和乔治·温哥华（George Vancouver）（1791 年）为大英帝国探索了北美海岸。新英格兰和英国贸易商与中国开始进行毛皮贸易，在夏威夷群岛招募了船员（因此成为位于俄勒冈东部少雨地区的奥怀希河名字的由来）。美国人罗伯特·格雷（Robert Grey）于 1792 年进入哥伦比亚河；英国军官威廉·布劳顿（William Broughton）深入探索了上游，发现并命名了胡德山。不久之后，加拿大人和美国人探索了洲际航线：这些人包括1793年的亚历山大·麦肯齐（Alexander Mackenzie）、1804年的梅里韦瑟·刘易斯（Meriwether Lewis）、威廉·克拉克（William Clark）和1811年的大卫·汤普森（David Thompson）。

很快，一个永久性的驻地建立起来了。皮毛贸易公司紧随其后，在阿斯托里亚开设了一家短期的美国邮局（1811～1813年），在乔治堡附近开设了一家英国哈得逊湾公司的邮局。1818年，美英两国同意共同统治俄勒冈国土（也就是未来的俄勒冈州、华盛顿、爱达荷州、不列颠哥伦比亚省南部、蒙大拿州和怀俄明州的角落区域）。1825年，约翰·麦克劳林（John Mcloughlin）将原在哈得逊湾地区的总部搬迁到温哥华堡，也就是现在温哥华、华盛顿的核心，与波特兰隔着一条哥伦比亚河。

哈得逊湾人声称他们现在拥有的土地养育了数千名本地村民。在塞尔力洛瀑布（达尔斯）与哥伦比亚河的河口处，居住着奇努克人。③ 他们的“大都会”是索维岛和邻近的俄勒冈海岸。刘易斯和克拉克曾做过统计，索维岛上共有2400人，蒙诺玛通道南侧有1800人。6年之后，英国毛皮贸易商罗伯特·斯图亚特（Robert Stuart）报道说，索维岛上大约有2000人口——比索维岛上现有的人口密度要高一些。[9] 通过汇总不同欧洲旅客的报告，我们可以在索维岛和其周边地区找到约15个独立村庄。居民抓捕鲑鱼、鲟鱼和胡瓜鱼；猎捕候鸟和鹿；收集坚果和浆果；并沿着河流挖瓦帕托的树根。“瓦帕托岛”是刘易斯和克拉克给索维岛起的名字。雪松原木是建造独木舟、炊具和长屋的材料。用雪松原木建造的村庄只能维持几年，而无法久居，然而丰富的自然资源让其群体能够轻松地在领土内自由搬迁。

与哥伦比亚密集的定居点相比，美洲原住民仅仅利用了威拉米特河下游。直到欧洲探险家们接近克拉克默斯河和威拉米特河瀑布，也就是上游 25 英里处，才发现了零星的、临时的定居点。鲑鱼在这里聚集，自然环境又让卡西霍、契瓦瓦和克拉克默斯人的生活变得相对容易。威拉米特河瀑布是海上部落与图拉丁谷狩猎民族之间的交流地。20 多个小村庄的图拉丁印第安人在河谷里生活，偶尔聚集在加斯顿附近与住在河边的人进行交易。他们是聚集在威拉米特河谷中心卡拉普亚的一个小团体，已经学会定期取火来改善生活环境。他们告诉自然学家大卫·道格拉斯（David Douglas），他们的目的是清除土地残余，从而更快捷地收集野生食物，并驱使鹿群进入更容易狩猎的树木岛。

白人商人的增多导致了自然环境的巨变。作为世界上最与世隔绝的民族，西北海岸印第安人很容易被欧洲人带来的新疾病所感染。1829 年，麻疹袭击了索维岛的村庄。1830 年，奇努克和卡拉波耶村出现了当地人称为“寒战症”和“间歇性发烧”的传染病，并在接下来的三年内沿着威拉米特和哥伦比亚河下游扩散。它很可能是由交易者从热带太平洋地区带来的疟疾，也可能是流感。无论这种疾病是疟疾还是流感，冷病从索维岛和温哥华堡的感染中心向外传播。疾病导致部分村庄一半人口的死亡，而在另一些村庄，死亡率甚至高达 90%。19 世纪 40 年代，当说英语的定居者抵达俄勒冈小道时，那里只剩下几百名美洲原住民和几乎无人居住的土地。

想要了解这些先驱者最初的定居模式，请记住探险者和定居者在任何可能的情况下都要乘船旅行。哥伦比亚河下游还未开发利用的河岸是距离波特兰最近的风景，是最接近现代的景观，也是这些探险者们感到比较满意的地方。游客可以看到沙质河岛，通过浅滩通道被迫与湿润的土地分开，并由上游的丘陵或峭壁支撑着。波特兰最著名的风景是斯旺岛、罗斯岛和索维岛。河岸边围绕着柳树、棉铃、藤枫、灰烬和泥土。其他湿地是在溪流流入威拉米特河的地方形成的，比如东边的沙利文峡谷和西边的马奎姆峡谷。当探险者们靠近这个潮湿的沙滩前时，首位盎格鲁血统的美国定居者却对此并不感到惊喜。来自费城的物理学家、自然学家约翰·汤森（John Townsend）在撰写关于波特兰附近地区的未来时总结道:“对植被来说，这里的条件不适合它们生长，也不足以在短时间内达到耕作的目的; 其他作物也会在某个季节被洪水淹没，这是一个无法克服的困难。”[10]

许多较宽的洼地都覆盖着浅浅的水，每当冬雨和春季洪水来临时会更换一次。定居者们需要用排水良好的土地耕种农田和果园，他们还记得密西西比河谷洪水造成的破坏，因此避开了波特兰西北部的库奇湖和吉尔德湖等地区。波特兰北面的史密斯湖和拜比湖景观是一个遗迹，那里是一片错综复杂的沼泽地，覆盖了哥伦比亚南岸的大部分地区。

早期的定居者非常看重定居点的三个景观特征。第一是从河流逐渐向上倾斜的相对良好的排水梯田，这是早期定居点如俄勒冈市、波特兰、温哥华，以及林顿和圣约翰等波特兰市郊地区所共有的特征。第二是定居点需要有足够水量的溪流，可以为锯木厂和其他基础工厂提供水力。坦纳溪从波特兰城区后面的西山延伸出来，现在隐藏在了混凝土管道中；波特兰东南部的约翰逊溪仍然在自由地流动着。第三是图拉丁平原上肥沃易耕的草原吸引了很多该地区的第一批农民来到了现在的华盛顿县。

鉴于这种对自然景观的早期依赖，如今在波特兰大都会地区居住的加拿大和美国早期移民做出类似于美洲原住民的决定就并不令人惊讶了。

温哥华堡哈得逊湾公司的新任职员很快就在约翰·麦克劳林（John McLoughlin）的管理下开展工作。这个定居点的地理位置极佳，东南西北四通八达，向上是以哥伦比亚河为载体的州内贸易网络，下从哥伦比亚到更广阔的世界，北沿考利茨河走廊到普吉特海峡，南接威拉米特河。麦克劳林在索维岛靠放牛养活他的交易站。到 1850 年时，索维岛的南端就有一群农民在畜养牲畜，种植土豆。

俄勒冈州是一个二级中心和聚集点。大约从1840年到1841年，美国的约翰·麦克劳林与美国卫理公会传教徒开始争夺城市自然区的控制权——威拉米特河瀑布下方是小型帆船和独木舟的重要停靠点。威拉米特河瀑布上方则是富饶的威拉米特河谷平原，这里的尚普格④（Champoeg）镇中居住着许多哈得孙湾公司的员工，这些讲法语的人也称其为“法式平原”。俄勒冈市位于西部图拉丁河与东部克拉卡默斯河的中间，有一些早期的拓荒者定居。1842年到1843年的冬天，新城里有30座建筑和1个磨粉厂。这里是陆路移民的第一个目的地，1843年，有800名美国移民来到俄勒冈州，1844年，又有1200名美国移民来到这里。早期道路和农场地图清楚地显示了它在1850年左右作为一个通信中心的中心地位。俄勒冈市有933名居民，大到可以拥有一个和林恩市（其人口数为124人）一样的“郊区”。[11]

俄勒冈市周围最重要的农业区是位于威拉米特河谷草原最北端的图拉丁平原。图拉丁平原位于罗克里克以西，现在是华盛顿县的希尔斯伯勒 - 福里斯特格罗夫 - 北平原 - 班克斯地区。19世纪30年代，哈得逊湾公司中来自温哥华堡的员工有时会赶着牛穿过泥泞的图拉丁山脉（西山区），催肥河谷里茂盛的夏草。19世纪40年代，美国的麦农弃用了英国耕牛。新来的定居者觉得没有必要从茂密的森林中开发出一片农田，他们理想的位置是开阔草原的边缘处，在那里可以轻松地享受低山麓的木材和新鲜的泉水。图拉丁山脉以及其西侧森林将威拉特米河与早期华盛顿县的许多发展项目加希尔斯伯勒市的哥伦比亚工业和福里斯特格罗夫市的西图拉丁地区分隔开来。

在这个早期的定居制度中，未来波特兰选址是俄勒冈州的第一条公路的休息区。美洲原住民和毛皮猎人在温哥华堡和俄勒冈市中间的威拉米特河西侧清理出了部分干涸、倾斜的河岸。如果只是煮一顿饭，歇息一个夜晚，或修理几个设备，这是一个再好不过的地方。杰西·艾伯哥特（Jesse Applegate）后来回忆起他那次“大扫除”的经历时这样说道：“我们在西海岸上了岸，在高高的河岸上扎营，那里几乎没有灌木丛……那里无人居住，也没有名字，除了河岸附近有一个小木筏和一条靠在高高河岸上破碎的桅杆之外，也没有什么东西可以证明这个地方曾经有人来过。这里有从木头上砍下来的木屑，表明有人可能刚在这里做出来一个新桅杆……但是没有先知能够预言一座美丽的城市将会取代这片幽暗的森林。”[12]

1844 年当威廉·欧温顿（William Overton）和艾萨·拉夫乔伊（Asa Lovejoy）说这 1 平方英里将成为波特兰的市中心时，他们知道这个定居点未来可期。1846 年两位英国间谍描述这座新城市时说，“波特兰的情况优于林顿，同样是边远地区，但更容易进入。瀑布下方的（威廉米特）河岸上有几个定居点，但是，洪水淹没了低洼的土地，使得耕种变得毫无价值，而且几乎找不到适合建造房屋的地方。”[13] 相对于英国外交部来说，这两位英国间谍的报告对历史学家更有用处，因为两国在同一年对加拿大 - 美国的边界问题达成了一致。

由于加利福尼亚州的淘金为俄勒冈州的小麦和木材创造了蓬勃发展的圣弗朗西斯科市场，新成立的波特兰努力使自己成为威拉米特河上的远航首领。“远航首领”，当然了，是一个灵活的目标，随着季节的更替、码头的长度、船的类型和船长的才干而发生变化。

第一个竞争是野心勃勃的密尔沃基镇。密尔沃基成立于 1848 年，位于威拉米特河沿岸，距离波特兰 6 英里。密尔沃基拥有《西方星报》(*Western Star*)，比波特兰的《俄勒冈人》(*Oregonian*) 早发行两周。密尔沃基还有“俄勒冈州洛特惠特科姆”(Lot whitcomb of Oregon)，这是该地区建造的第一艘蒸汽船。在 1851 年的首赛季，这台设备以每小时 14 英里的速度驶向阿斯托里亚，但也存在着各种问题，在罗斯岛的沙洲上，一艘又一艘的船开始倾斜或者发生螺旋桨故障。约瑟·考奇船长 (John Couch) 将商业利益从俄勒冈市转移到波特兰，并宣称罗斯岛的河流通常只有 4 英尺深的水，只能没过马背。密尔沃基很快就成为一个滞留的城镇，对日趋昂贵的蒸汽设备来说，选择这里风险太高了。

波特兰和圣海伦斯之间的战斗将更加艰难。圣海伦斯距离哥伦比亚主干流的开阔海域近 30 英里。圣海伦斯在科利纽斯通道上建了一条通往图拉丁小麦农场的道路。波特兰与“大板路”反击，“大板路”是沿森塞特走廊的第一条“铺路”路线。1851 年 2 月传来的这个消息——圣弗朗西斯科的太平洋邮轮公司将在圣海伦斯终止加利福尼亚州与俄勒冈州的服务。该公司担忧的是另一个浅滩，这次是在斯旺岛。这场竞争在两年内一直是打平手，直到太平洋邮轮公司发现，两年后他们将无法在圣海伦斯装满货物，于是开始在圣弗朗西斯科和波特兰之间扩大知名度，提供直接服务。波特兰的发展历程请参见表 1（第 42 页）。

在掌控了威拉米特河谷和加利福尼亚州之间的贸易之后，波特兰的企业家开始向东发展。俄勒冈州的蒸汽导航公司维持了整个城市的繁荣，波特兰拥有控制俄勒冈州东部、华盛顿州和爱达荷州交通运输的公司。喀斯喀特斯以东的定居者对其垄断经营和昂贵的运费感到不满，但波特兰人喜欢它，因为它能给波特兰人提供工作机会，带来财富。同时代的人将其称之为俄勒冈州的“百万富翁制造机器”。

1883 年 9 月 10 日，波特兰终于通过北太平洋铁路局与全美跨国铁路系统取得了联系。这条路线从夏天开始营业，但黄金时期是 9 月 8 日在蒙大拿州的迪尔洛奇开始的。两天后，波特兰迎来了载有前总统尤利西斯·格兰特（Ulysses S. Grant）的列车。次年，波特兰与联合太平洋铁路再次携手，哥伦比亚盆地以东的线路也加入了轨道线路，沿着威拉米特河谷向南驶向加利福尼亚州，将该地区的内河船运和铁路运输联合起来。

河谷路线的交汇处继续引导着波特兰的陆地连接。84 号州际公路上往东沿着哥伦比亚河行驶，通常可以看到重型卡车、驳船、北岸的伯灵顿北部列车以及南岸的联合太平洋 - 圣菲铁路火车。货运专线经由波特兰运送需要出口的谷物、木屑和散装矿物，返回时运回装有亚洲汽车的货架和满载日本、韩国制造的商品集装箱。I-5 公路与哥伦比亚走廊呈直角，穿过普吉特和威拉米特海槽从加拿大抵达加利福尼亚。圣弗朗西斯科的航空运输会经过威拉米特镇。波特兰的哥伦布海岸机场以及明尼阿波利斯、芝加哥和丹佛的中路枢纽之间的航班起飞和降落都与河流平行，并环绕着胡德山的斜坡。

区域性城市

找一位波特兰人来形容她的城市。她的回答经常会是“我们不是西雅图”。你会思忖差点没听清的开头语：“感谢上帝幸亏我们不是……”

波特兰人一般在乎的是生活的基调和步调。西雅图是疯狂、拥挤、快节奏的：纽约与咖啡文化密不可分；波特兰是舒适、低调，愿意花点时间享受周围的环境。自从卷入克朗代克淘金热以来，西雅图的城市节奏一直很快，而波特兰像是待在家里的妹妹。西雅图市中心是钢筋与混凝土构建的峡谷，但波特兰市中心保留了适合步行的小路和迷人的公共空间。西雅图注重风尚——想像电视节目里的弗雷泽和奈尔斯·奎恩（Frasier Crane, Niles Crane）——而波特兰则显得落伍，但以此为傲。连周游各地的专业运动员也能看出区别，1999 年，开拓者队后卫格雷格·安东尼（Greg Anthony）曾说："波特兰与西雅图不同，这里更有小镇的感觉"。前锋斯科蒂·皮蓬（Scottie Pippen）认为："波特兰让你可以待在大城市里，但又感受不到大城市的压力。"[14] 波特兰人开车太慢了，加利福尼亚人开车没有礼貌但是马力足。以下是当地的独立杂志写的"纽约客会注意到的关于波特兰的 10 件事情"列表的第四项："尽管机动车驾驶员们经常神游天外，但却很有礼貌。他们会因为喇叭的一声鸣笛而发疯，街道出奇得安静，没有半点狂热的尖叫和日常生活的喧闹。"[15]

撇开成见，波特兰和西雅图在 20 世纪确实追求了不同的经济目标，扮演了不同的角色，这对他们的性格有很大的影响。西雅图的市中心背靠雷尼尔山，俯瞰普吉特湾和太平洋，向外则是阿拉斯加州、国内其他做为竞争对手的城市以及世界市场。1992 年，西雅图当地的推广人员可以自信地发布题为"国际西雅图"的报告。[16] 波特兰的市中心背靠西山，东临胡德山和哥伦比亚河，往内则是大陆的资源和市场。与网络化的西雅图相比，波特兰一直是个区域性城市。

波特兰的区域经济一直以其自然的地理优势为基础。哥伦比亚河火车和铁路使用“水道线”[5]（Water Level Route）到内陆，使年轻的城市成为广阔的哥伦比亚盆地繁华的转口港。16世纪60年代（轮船）和18世纪80年代（铁路），他们拖运原材料进行转运或加工。谷仓、面粉厂和木材厂建立得最早。装满木材和粮食的帆船拥挤在威拉米特河的河岸，为加利福尼亚州的市场运载货物。不久之后，造船厂和工厂就开始出售便宜的软木家具。

区域铁路交通网扩展到了哥伦比亚河崖后的土地，打开了地理学家唐纳德·梅尼奇（Donald Meinig）所称的大哥伦比亚平原，也开启了支持者所说的内陆帝国。《号角中的蜜》（*Honey in the Horn*）一书在研究俄勒冈州20世纪早期的农业时，在一个不知名的哥伦比亚河的城市停下了脚步，这个城市有可能是达拉斯，作家H·L·戴维斯（H. L.Davis）在那里度过了他的青春。这里是内陆地区繁荣时期的缩影。他在书中写道：

哥伦比亚河流域的时代正在萎缩，因为上游的乡村不只建了一条铁路，而是建了两条。老E·H·哈里曼（E.H.Harriman）和詹姆斯·希尔（James J. Hill）签署了买卖道路使用权的协议，并且打破了法庭的禁令。开工的时候，人们已经挤进中间的内河港口了。所有乡村沿着山路的货运站都申请成为新县的县城，房地产中介处的窗外贴满了盖恩斯维尔、威尔金斯堡和彼得森维尔的地图，还有

图 9　早期海滨（俄勒冈历史学会第 24023 号）。20 世纪初，工厂、仓库和私人码头围绕着威拉米特海滨。威拉米特河上，哥伦比亚号轮船和多桅纵帆船运载货物和旅客，把俄勒冈州的木材运到加利福尼亚州的城市

切里韦尔、阿普高地、古斯伯里别墅和斯威特佩阿霍姆地，这些地方都处于未来发展的道路上，这些地方只需要一点点的投资，就可以使一个人成为终身的资本家。在随处可见的狂欢节上，水手、牛仔和房地产促销员在弧光下推搡着前进，周围是围观表演摊点的人群和在侧边徘徊购物的女孩们。蒸汽轮船喷着蒸汽，在河里吹起口哨，就像旋转木马摇摆着涂满清漆的小马发出的嘟嘟声一样。[17]

20 世纪初的喀斯喀特斯东部畜牧业的兴起支持了羊毛制品（彭德尔顿、詹丹、怀特斯塔格）和肉品加工的生产。1907 年“北岸”铁路（现在是伯灵顿北部系统的一部分）直达波特兰的哥伦比亚河线和桥梁竣工

时，斯威夫特趁机建造了一家大型肉类包装厂，其中有1500 名来自俄勒冈州东部和华盛顿的工人在这里工作。又有十几个大工厂紧随其后。斯威夫特建立了肯顿社区安置员工。邻近的商业区沿着丹佛大街一路往前。丹佛大街一边是经理的住房，另一边是工人的住房。多年来，波特兰市中心的皇家酒店是畜牧者下榻的酒店，东俄勒冈的报纸也总是为客人们备好。

第二次世界大战使这个舒适的区域贸易中心发生了翻天覆地的变化。按联邦官僚的官方说法来说，这是一个“拥挤的战争生产区”。在日益加快的步伐中，它成了一个繁荣的城镇，像是另一个莱德维尔或弗吉尼亚州，用国防物品生产合同代替了金矿银矿。

这一切都是因为造船事业，工业家亨利·凯撒（Henry Kaiser）协助建造了博尔德水坝和大古力坝，1941 年他在圣约翰北部附近开了一家巨大的俄勒冈造船公司。他的斯旺岛、华盛顿温哥华码头在珍珠港事件爆发两个月后投产。在 1943 年至 1944 年的高峰期，波特兰大都会有 14 万名国防工作者。他们建造了 1000 多艘远洋作战船和“自由号”军用货船其中有一艘“自由号”从开始建造到入海仅用了 11 天的时间。

战争带来了数千张崭新的面孔。凯撒船厂在 11 个州都发布了招聘告示，这一动员几乎清空了余下的俄勒冈州人民，也从爱达荷州和蒙大拿州的小镇吸引了一些失业人员。东海岸特许列车带来了工人。在 1943 年和

图 10　第二次世界大战时期的造船厂（俄勒冈历史学会第 55345 号）。在斯旺岛、北波特兰和温哥华造船厂中，大批焊工、铆工和制造商同时在数十艘“自由号”战舰上工作，当时正值战争生产的高峰期。波特兰的产量帮助盟军护航舰在与德国 U–boats 在北大西洋的“吨位战争”中打破了平衡的局面，并为远在太平洋战区的美军提供了补给

1944 年抵达的人群里，有来自俄克拉何马州、阿肯色州、得克萨斯州和路易斯安那州的非裔美国人。在 1940 年至 1944 年间，大都会从 501000 人增长到了 661000 人。

人们可以大胆地假设，在战争年代，每三个等公交车或者排队看连场电影的人里就有一个是新来的。

这也为女性提供了工作岗位。到1943年年底，凯撒船厂雇用了20500名女性。三分之一的人填补了向女性开放的办公室工作，但是其中的几百名最近刚从本森理工高中培训班毕业。她们曾担任电工、油漆匠、机械师和管子工。超过5000名电焊工获得了当时令人咂舌的每小时1.2美元的工资。爱丽丝·埃里克森（Alice Erickson）记得，“我需要工作，这是我能找到的最好的工作，所以我自然也会去做。”[18] 凯撒女性事务部门根据船厂工作时间，采用24小时轮班制运营着托儿中心，并为忙碌的妻子们提供可以在回家的路上带走的外卖。帕特里夏·凯恩·克勒（Patricia Cain Koehler）后来回忆起她作为一名少年电工的工作，她曾协助建造了华盛顿温哥华的护航航空母舰。

女孩们穿着皮夹克、格子法兰绒衬衫以及在迈尔和弗兰克男装部买的牛仔裤。那是1943年，我们18岁，大一结束了……三家当地船厂在东海岸和南部海岸招募工人。他们也在波特兰发广告：招聘——女性造船专家。广告上的漫画发问：“你为战争做了什么？”他们教会了女性喝茶、打牌和放松。“这个？”然后，一位面带微笑的女工拿着饭盒，她的头发扎了起来，戴着头巾，背景是一艘大船，“还是这个？”

我和我的女性朋友一起应聘凯撒温哥华船厂的电工助

手……那一天到了……我们毕业了，拿着每小时 1.2 美元的工资。为了庆祝这一天，我们向正在船上工作的装备码头的接线船员申请工作。我被派去做消防工作。这意味着可以佩枪！我的男领导之前从未有过女性员工为他工作，因此他对我十分怀疑。我像影子一样跟着他，观察他的一举一动，盘算着他下一步需要什么工具，还没等他开口，我就把工具递给了他。过了几天，他终于放松下来，开始教我使用一种绳子——或者更确切地说，电线……

我的第一个单独任务是把 40 毫米口径的枪对准右舷……偶尔我往下看哥伦比亚河湍急的水流，发现小船拖着一个掉进河里的工人……有一次，我爬下一个缠满焊接引线（大橡胶软管）堵塞的梯子时，穿着钢头靴子撞到了上面，还折断了一只脚趾。医生帮助固定好之后我继续工作。还有一次，我的手肘摔断了，花了一天时间才把它固定好，然后我学会了用左手工作。[19]

造船工业来也匆匆去也匆匆。战争的胜利使联邦政府停止了船舶采购。战时生产的货运船只投入了私人市场，造船厂没有理由继续运作下去了。与生产飞机的城市不同，波特兰的繁荣并不是以工业增长为基础。亨利・凯撒将注意力转向了钢铁和汽车。他给波特兰留下的遗产不是制造业，而是开创性的凯撒医疗健康维护组织（Kaiser Permanente HMO）他计划让战争时期的工人继续工作，“凯撒”现在招收了 40 万波特兰居民。

造船业的蒸发迎来了 20 年的政治和经济警惕。虽然波特兰有极佳的地理优势，但竞争对手西雅图却打着创业风险成为美国西北地区著名的大城市。位于西雅图的波音公司开发并出售第一批商用喷气式飞机，西雅图于 1958 年至 1968 年期间提出了一系列波特兰无法与之匹敌的公共举措。社区所作出的一系列努力成功地开办了世界博览会，发展了会议和体育设施，振兴了港口，支持了重点研究型大学的兴起。

波特兰面临着类似的机遇，并尝试同时开展这些项目，但未能符合西雅图的创业精神。当代观察家对波特兰和西雅图两种截然不同的处理公共事务的方法作出了评论，如记者尼尔·摩根（Neal Morgan）的《向西倾斜》（*Westward Tilt*，1963 年）、记者尼尔·皮尔斯（Neal Peirce）的《太平洋美洲国家》（*The Pacific States of America*，1972 年）、学者厄尔·波默罗伊（Earl Pomeroy）的《太平洋斜坡》（*The Pacific Slope*，1965 年）和学者多萝西·约翰森（Dorothy Johansen）的《哥伦比亚帝国》（*Empire of the Columbia*，1967 年）等都认识到公共产业和私营企业不同的精神。西雅图是以项目为中心，是创业型和扩张型的城市。波特兰是以过程为导向，谨慎且本地化。从个人伦理的角度进行类比推理，保守的波特兰倾向于将公共债务视为公民性格[⑥]的弱点。当西雅图建立预期增长的业务时，波特兰根据目前的需求、纯粹的本地和区域市场的潜力来判断设施需求。与西雅图不同的是，西雅图自己的宣传词汇是一个“前进的城市”，约翰森（Johansen）写道，“波特兰在1965年的行动与在1865年的行动一样缓慢而又谨慎，人们仍然对‘保持现状’抱有相当大的信心。”[20]

大型博览会的不同经历诠释了这个对比。波特兰和西雅图这两个城市不仅开始吸引地区和国家的关注，也在同一时间举行展览。在波特兰商会的领导下，1954年俄勒冈州决定于1959年在波特兰举行纪念博览会，用于庆祝俄勒冈州成立100周年。几个月内，西雅图开始探索1909年阿拉斯加－育空－太平洋博览会之后的50年后续行动。由于排在第二位，西雅图勉强将1959年让给波特兰，将目标定为1961年（实际为1962年）。

随着时间的推移，两个城市间齐头并进的发展势头也逐渐消失了。西雅图重新定义了与阿拉斯加之间联系的重要性，认为这是“重新获得声望的方式……阿拉斯加是通往东方的门户”。由此，西雅图博览会得以稳步发展。同样帮助西雅图发展的还有“宇宙时代科学奇迹”和“21世纪”的未来这类全球化的主题。[21]这些发起人以1500万美元的价格接手了城市的建筑改造，从华盛顿州获得了750万美元，从联邦获得了900万美元。联邦政府的承诺使国际博览局把它确定为世界博览会。官方发言人同意规划者吸引国际展览，并利用包括沃尔特·迪士尼组织和国家科学基金会在内的最好的本国专家意见。大量的良好宣传和96万人次的参观使它成为战后美国最成功的世界博览会，并告诉外界，西北的大都市是以“S”开头的西雅图。

波特兰早在 1959 年就抢先举办了俄勒冈州百年纪念博览会。波特兰将视野放在了当地“先驱时代”的舒适模式上。除了早期国家宣传和一个小型贸易展览会外，这类活动很难吸引波特兰人，更不用说来自国外的游客。最初的计划是打造一个全新的波特兰大剧院和会议中心，但随后举办场所陷入了邻里政治的纷争，博览会的举办权只好移交给俄勒冈州的立法机构。1958 年和 1959 年，俄勒冈州分两次勉强支付了 260 万美元，但是几乎没有时间将家畜展览大厅改建成新的展示空间。这比没有李子果酱和高新农业技术的乡村市集好不了多少，很快波特兰人自己都不去摘这个展会了。

波特兰在港口现代化进程中显得既小气又缓慢。20 世纪 50 年代，波特兰在普通货物运输方面和一直以来西北码头贸易占比较大的农林产品大宗装运方面超过了西雅图。波特兰人鼓励新的海事设施，1954 年为该市公共码头委员会投资 650 万美元，1960 年投资了 950 万美元。然而，这一数字还不到顾问所需数据的一半。由于主导码头委员会的哥伦比亚河贸易老牌运营商同意外部顾问的意见，即集装箱化的新技术不适用于传统的区域性大宗商品，这些资金最终用于完善其原有的老式货物码头。

西雅图同时开始投资集装箱货物的设施。一系列顾问研究和 KING-TV 拍摄的“迷失货物”纪录片表明，1959 年西雅图港管理层日益增长的信任危机在港口委员会的民选议席掀起了数年的官僚斗争和竞争。到 1963 年为止，新的以增长为导向的西雅图人花费了1亿多美元，进行现代化改造并升级海洋码头和工业用地，以此绕过波特兰的历史优势，并直接与奥克兰竞争。港口委员会开展长途业务，集装箱货物将通过西雅图在亚洲与大西洋港口之间转运。振兴港口的宣传语展现了其新的活力，“弹射”到20世纪60年代中期之前的“创纪录的表现”，“无所不在的升级”面向成功“全力以赴”。[22]

这个影响是直接的。西雅图于1967年至1977年间的进出口贸易总额都超过了波特兰。波特兰保持了其作为体积大、价值小的西方大宗商品（如矿产、木制品和农产品）出口商的历史地位，同时获得了特定的高吨位进口产品（如汽车）。西雅图作为一个综合国际港口，开展了广泛的高价值商品的进出口贸易。1970年西雅图迈出了关键的一步，新的集装箱码头的发展说服了六家日本航运公司联盟，西雅图成为西海岸的第一个港口。1967年，西雅图出口的平均价值为每磅0.05美元，波特兰为0.04美元。1986年的可比数字为西雅图的0.36美元和波特兰的0.08美元。[23]

最终，两地发展的差异显现在了大学上。华盛顿大学得以蓬勃发展。20世纪50年代早期，华盛顿大学内部发生了政治立场的分裂。1958年该大学聘请了一位新校长，鼓励教师利用增长迅速的联邦医药和科学研究基金池。入学人数从1956年的14000人猛增至1968年的30000人。1977年，西雅图在全美收到大学联邦研究和开发资金的城市中排名第八，在联邦研发资金总额中排名第六。华盛顿大学自身已经从地区教育家转变为国家信息生产者。

相反，由于只在全州范围内招生，并受到其他学校的嫉妒，阻碍了波特兰州立学院发展为大学。波特兰缺乏来自州外学生的经济收入，也没有教育研究机构的拨款。它也缺乏西雅图在国家教育和研究系统中密集的联系网络。对比结果可以从 1970 年的普查数据中看出，25 岁及以上成年人至少读过四年大学的比例：波特兰人占 12.8%，西雅图人占 15.9%。

当波特兰在 20 世纪 70 年代感觉到与西雅图的公民活力（见第 3 章）相当时，西雅图在总部型城市和网络型城市的演变道路上已经领先了波特兰 10–12 年。对比结果可以归结为“西北城市”与“网络化城市”之间的对比。西雅图越来越多地参与到连接世界经济的北美和东亚核心区域的远程金融、投资、旅游和贸易网络。波特兰不仅在海外贸易的数量和价值上超过了波特兰，而且在海外直航航班、外国银行办事处的数量、外商投资的数量、专业领事官员的人数和外国出生的人口比例上都超过了波特兰。西雅图为其世界博览会打造了新的会议中心、科学博物馆，并建立了一座太空针塔。[7] 波特兰则为其俄勒冈州百年纪念活动建造了 31 英尺高的保罗·班扬（Paul Bunyan）雕塑，这座雕像位于临近街区的街角。肯顿商业俱乐部和钢铁工人志愿者们建造了一个工字梁骨架，覆盖上了金属网，并为雕塑表面涂抹上混凝土。

保罗·班扬（Paul Bunyan）和他的斧头提醒人们：波特兰依旧是俄勒冈州、爱达荷州和华盛顿州大部分地区的交通枢纽和贸易站。1994年，金融、保险、运输和批发业相互关联的综合业务占波特兰地区就业的14%，比美国整体水平高出了三分之一。20世纪90年代，一个紧密相关的增长部门是高端竞争性业务和专业服务。最常见的情况是，律师事务所和会计事务所的目标是波特兰区域内的客户，但是在20世纪90年代，几家波特兰服务公司开始服务于全美范围内的客户和国际客户，例如：齐默－冈苏尔－弗拉斯卡建筑师事务所、维登和肯尼迪的广告文案写手以及大型律师事务所。软件和多媒体综合体在20世纪初也融合在一起。电信专业学者米切尔·莫斯（Mitchell Moss）在20世纪90年代末使用了商业互联网域名（.com addresses）的注册地，评估了85个城市作为互联网信息中心的相对地位。波特兰的地理位置指数为3.11，排名第16，比10年前高出许多，这个结果十分令人满意。[24]

现在，波特兰繁荣的第三个驱动轮是出口导向型制造业。1996年，六县的大都会报告称波特兰有15万个制造业岗位，超过了匹兹堡和辛辛那提。其中，4.5万人制造铝钢产品、运输设备及其他金属制品；42000人制造电脑、电气设备和仪器。[25]耐克也许是波特兰最高端的公司，它在波特兰签署合同，但在海外生产产品。全州高科技就业人数在20世纪90年代中期超过了从事与木材有关的就业人数，这也解释了在波特兰－塞勒姆

CMSA 排行榜中（1996 年）以出口额总价 92 亿美元在全国排名第 10 的原因。[26]

即使已经有了直飞东京和首尔的航班，与西雅图相比，波特兰仍然是一个区域性城市。根据 1999 年 3 月的数据，它在人均网域数量方面排在 CMSAs 的第 5 位，但电子、软件和体育用品公司的覆盖面尚未改变波特兰小心谨慎态度和与其区域的密切联系。[27] 像其他美国河城——辛辛那提、路易斯维尔、圣路易斯一样，它对外部的发展机会很迟钝，行事又十分谨慎。西雅图退伍军人记者大卫・布鲁斯特(David Brewster)指出，波特兰反映了中西部地区“满足于自己中等省会城市地位”的现状。区域之间的联系提醒居民，用老办法可以赚很多钱。这些联系像飞轮一样平滑地经历经济上的变化。在 20 世纪末，波特兰年轻的新闻记者丽兹・卡斯顿（Lizzy Caston）用最为透彻的形式总结道：“波特兰往往是由过去的想法塑造的，而西雅图则持续地向未来展望。”[28] 毕竟，西雅图的 NBA 球队是西雅图超音速，它引用了技术创新的名字；波特兰有开拓者队，他们的名字让人想起刘易斯、克拉克和陆上步道的开拓者们。

波特兰区域

波特兰居民珍视与周围环境的亲密感。与该地区的联系既有经济上的，也有情感上的；既有个人的，也有集体的。

自 1860 年以来波特兰区域人口统计表　　　　表 1

年份（年）	波特兰市（人）	三县区域（人）	六县区域（人）
1860	2873	10390	14149
1870	8293	21764	27639
1880	17577	41545	51532
1890	46385	102089	131199
1900	90426	137292	170368
1910	207214	277714	332734
1920	258288	342972	410266
1930	301815	440498	527197
1940	305394	451423	548582
1950	373628	619522	761280
1960	372676	728088	876754
1970	379967	878676	1076133
1980	366383	1050418	1333623
1990	437319	1174291	1515452
2000	513325	1414150	1886150

资料来源：美国人口普查 (1860~1990 年)，波特兰州立大学人口研究中心，华盛顿财政管理办公室 (2000 年)。

a：截至 1993 年波特兰主要大都市统计区。

波特兰地区的核心是蒙诺玛、华盛顿和克拉克默斯三个俄勒冈县。与西部地区的县一样，面积很大。它们一起向东和向西延伸 100 英里，纳入了城市街区和部分国家森林荒野地区。记者恩尼·派尔（Ernie Pyle）在 1936 年访问时指出："波特兰周围都有小河流和绿树林，不远处是山脉，波特兰置于自然里。我的一位朋友在寻找他为何喜欢西北地区的原因时，终于意识到他的喜欢与这些寒冷清澈、汩汩流淌的河水有很大的关系。”[29]

1950 年，波特兰标准大都会区域由人口统计局首次定义，包括三个核心县和坐落在哥伦比亚北部的华盛顿克拉克县，该地区的人口从 1950 年的 70.48 万人攀升至 1960 年的 82.21 万人，1970 年为 104.7 万人，1980 年为 124.26 万人，在美国都市地区中排名第 26 位。

这一统计学上的定义确认了 1900 ~ 1925 年由城市间的电力铁路连接在一起的功能区域，在 1915 年的城市间系统高峰期，波特兰铁路、光电郊区分部服务于特劳斯代尔、格雷舍姆、博林、埃斯塔卡达和俄勒冈市。俄勒冈州电气公司是詹姆斯·希尔（James Hill）伟大的铁路帝国的一个微小齿轮，一条线路抵达比弗顿、希尔斯伯勒和福里斯特格罗夫，另一条通往图拉丁和威尔逊维尔连接塞勒姆。南太平洋服务于加登霍姆、比弗顿和希尔斯伯勒，然后向南转向去往麦克明维尔和科瓦利斯。

1915 年的 500 万城际间交通运输量代表了华盛顿县、蒙诺玛县和克拉克默斯县首次融合在一个日常互动系统中。这三个郡自 1850 年以来一直通过经济交流捆绑在一起。19 世纪，城际列车增加了为了特殊场合进行轻松个人出游的安排——周末既可以购物，去剧院，也可以前往乡村公园和像克拉克默斯的卡内玛一样的娱乐中心。

美国人口普查局在最近几十年里已经认识到，波特兰的范围正在扩大，大都市圈的定义也在扩大。1980 年以后，在威拉米特河谷上游，官方都会区征得了亚姆希尔

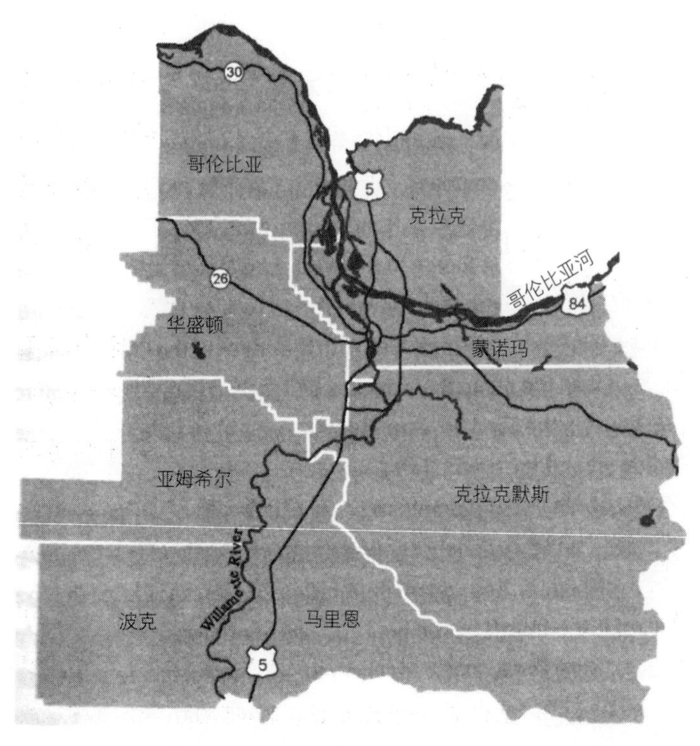

图 11　波特兰 CMSA（Irina Sharkova，波特兰州立大学）。八县的综合都市统计区将塞勒姆地区与波特兰和温哥华结合起来，将威拉米特河谷的下半部分确定为一个日益一体化的经济单元

县的粮田和葡萄园。1993 年，又征得了哥伦比亚县和它的老对手圣海伦斯镇。与此同时，人口普查合并了六县波特兰 - 温哥华主要城市统计区（PMSA）与两县塞勒姆 PMSA 并建立了一个波特兰 - 塞勒姆合并大都会统计区（CMSA）[8]。波特兰 PMSA 在 1990 年有 1515452 名居民，2000 年约为 1886150 名居民。2000 年，CMSA 总计约有 2231350 名居民（全国排名为第 22 位）。

人口统计学家和营销公司所统计出的功能区，与从西山区山顶放眼望去看到的区域大体一致。(至少在晴朗的日子里，位置理想的观察者可以观察到)。弗朗西斯·富勒·维克多(Frances Fuller Victor)在一个多世纪前就这样认为:“从波特兰以西的山脊，你可以看到5座雪峰，2条伟大的河流……相机和笔都不能描绘出波特兰-沃尔玛特周围这样壮观的场景。”[30] 根据罗盘的方位基点，山脉标志着波特兰的边界点:东部的胡德山、北部的圣海伦斯山、西部的海岸岭，以及东南部的杰斐逊山。随着山脉的拉伸和重叠，这些地标与CMSA的边缘令人惊奇地相吻合。我们可以把它想像成现在可以在一个半小时到两个小时的时间里乘坐路虎或斯巴鲁汽车到达的区域——大约以最初的城市为中心、半径75英里的范围。

视觉上的亲密感促进了一种即时感，一种对接近的期待，以及一种奇特的英雄般的自我形象。波特兰是小卡车和运动型多功能车的优质市场。外部省志将其评为第四位最受户外爱好者喜爱的城市。罗宾·科迪(Robin Cody)写道:“即使在今天，大自然也是波特兰人的英雄，自然使我们与众不同……圣海伦斯山的爆发极大地触发了波特兰的集体情感，提醒城市的拓荒者们，虽然这里的生活是残酷的，但我们是开拓者。”[31]

在周末的郊游中，波特兰市居民无意中了解到20世纪初由英国地方主义者帕特里克·格迪斯(Patrick Geddes)普及开来的河谷横切面理论。格迪斯认为，观察流域复杂生态的方法是将其从一个波峰切断到另一个波峰。驾车从波特兰或塞勒姆的中心驶向喀斯喀特，会先经过河流和沼泽，随后穿过丰收的田野和森林茂密的山麓，到达步道终点的停车场。从这里可以爬上山坡，走进长满高草的草地和布满碎石的旷野，看到冰川和光秃秃的喀斯喀特山顶。

自 1982 年以来，波特兰就以从胡德山到海岸全长 195 英里的接力赛庆祝这片辽阔的土地。由 12 人组成的跑步队伍轮流在胡德山上的廷伯莱洛奇酒店开始跑步，然后沿着小路跑到锡赛德。跑步者要从寒冷的黎明开始赛跑。最快的队伍需要 17 小时或 18 小时完成；其他人要 25 小时或者 30 小时。在 1998 年 8 月的比赛中，有 1000 个队伍完成了这项比赛，比赛设有数千名志愿者和 2000 辆比赛用车。即使有一些国际参与者，这项比赛仍然比较户外和小众，对于一些队伍来说竞争十分激烈，剩下的大部分队伍都选择放弃了。这项比赛似乎是专门为了波特兰这个全国有氧运动爱好者占市民比例排名第一的大都市设计的。

与自然世界亲密接触是西北地区文学的基础。俄勒冈州人和华盛顿州人在重写《地球上的巨人》（*Giants in the Earth*）、《章鱼》（*The Octopus*）、《猎鹿人》（*The Deerslayer*）、《啊！拓荒者》（*O Pioneer*）的同时，仍期待找到新的视角。许多最好的地域小说都探讨了在资源经济中工作的维度和意义，涉及面对、利用和滥用土地的问题。我们已经了解过肯·凯西（Ken Kesey）的独立“gyppo”伐木者家族。波特兰人斯图尔特·霍尔布鲁克（Stewart Holbrook）喜欢劳动人民的故事，布莱恩·布思（Brian Booth）收录了这些故事，书名为《野人、摇摆人和吹口哨的朋克：斯图尔特·霍尔布鲁克眼中的通俗式西北》（*Wildmen, Wobblies and Whistle-Punks: Stewart Holbrook's Lowbrow Northwest*，1992年）。当詹姆斯·斯蒂文斯（James Stevens）不写伟大的保罗·班扬（Paul Bunyan）时，他在《大吉姆·特纳》（*Big Jim Turner*，1948年）中探索了西北地区的工作。《跳跃式小溪》（*The Jump-off Creek*，1989年）中的莫莉·格洛斯（Molly Gloss）重新描绘了俄勒冈山区一个单身女性的移民生活。H·L·戴维斯（H.L.Davis）带领克莱·卡尔弗特（Clay Calvert）完成了一系列的工作——放羊、摘啤酒花、伐木、割草。克雷格·莱斯利（Craig Lesley）在《河流之歌》（*River Song*，1990年）和《天空渔夫》（*The Sky Fisherman*，1995年）等书中也描写了同样的传统。他笔下的人物采摘水果，乘筏漂流，向游客出售体育用品，经营农场，养鱼。“我希望书中的每一页都是在向劳作的西部致敬，”他在我的稿子上写道。[32]

市场营销公司发现波特兰人十分重视户外活动。魄克公司“生活方式市场分析师”将波特兰列为花卉园艺、天然食品、野营、远足、摄影、野生动物和环境、旅游和滑雪市场前20%的地区。波特兰人在电视机前观看体育

图 12　布里德 · 韦伊木材公司（俄勒冈历史协会第 44631 号）。20 世纪早期的布里德 · 韦伊木材公司在东部蒙诺玛县拉尔什山的斜坡上伐木，用 8 头或 10 头牛组成的队伍把圆木“堆场”到一个人工池塘，然后用滑道和水槽把圆木射向哥伦比亚河沿岸的磨坊。这个伐木营地位于当代大都会地区，是修建波特兰的工薪工人前线的一部分

和订阅有线电视的比例位列最后的 20%。波特兰人比大多数美国人更倾向于订阅户外活动杂志，但不太可能阅读有关高尔夫的文章。他们喜欢《有机园艺》（*Organic Gardening*）杂志和木工杂志，但不喜欢《家庭机械》（*Home Mechanix*），《巧手男人》（*Family Handyman*）这样教你怎样修修补补的杂志。波特兰的品位与尤金、梅德福、尤里卡、斯波坎、博伊西、米苏拉、安克雷奇等西北小城市最为相似。波特兰与西雅图忙碌而刺激的生活有一些相似，但与圣弗朗西斯科的相似之处少之又少。另一家市场研究公司“SRI 国际”的一名高管说，波特兰是“西

方的精神世界中心"，就像巴尔的摩是美国精神病学中心一样，是一个天然的测试市场。[33]

在过去20年里，俄勒冈人在环境保护的指标上已经取得了很好的成绩，这并不令人感到奇怪。20世纪80年代，俄勒冈州在十大环境和野生生物组织（奥杜邦学会[⑨]、环境保护基金、荒野保护协会等）中排名第五。大自然保护协会也许是俄勒冈州最受欢迎的非营利组织。[34] 俄勒冈州在南方研究所（the Institude of Southern Studies）的"绿色指数"排名和国家环保成效评估组织的类似排名中都保持领先，分别到达过第六、第一、第五、第六的成绩，有关个人价值观的调查反复证实，俄勒冈人一直很重视环境保护、户外活动以及以资源为基础的工作。

这些最后的结果揭示了一场悬而未决的紧张局势。诗人和小说家都清楚波特兰既是游乐场所，又是工作场所。它有着自然的野趣供人们欣赏，又为农村地区的就业提供农作物和林木产业。这有助于区分该地区的城市文化和郊区文化（下一章的中心主题）。第3章将探讨城市发展的优点和模式，这是区域规划和政策辩论的核心问题。即使是娱乐项目的选择也反映了这种紧张局势。

波特兰的周末娱乐区在CMSA之外又延伸了50英里，从太平洋海岸一直延伸到喀斯喀特斯山脉的另一边，而波特兰人倾向于自然地把自己归类为沿海居民和山地居民。沿着太平洋边缘从纽波特行驶到哥伦比亚河口，可以看到各式各样的休闲社区：阿斯托里亚和纽波特的深海捕鱼、蒂拉穆克的海湾捕鱼、坎农海滩的艺术咖啡馆和新公寓、林肯市和锡塞德的商场、汽车旅馆和海边漫步、吉尔哈特的古老的第二居所。波特兰人到海边看鲸鱼，欣赏风暴，有时只是观赏平静的波浪。他们逃离了波特兰炎热的夏季（盛夏），来到这里享受20世纪60年代那种凉爽的温度。

面山而居的波特兰人有自己的选择。喀斯喀特斯层叠交错的是华盛顿州吉福德平肖国家森林和俄勒冈州胡德山国家森林的伐木路和徒步小径。人们在胡德河、哥伦比亚河帆板冲浪，胡德山全年都可以滑雪，在急流上玩皮划艇，在乡村小道和小径山地里越野滑雪或徒步旅行。壮丽的廷伯莱洛奇酒店是一栋位于胡德山上的酒店，基于美国公共事业振兴署（WPA）计划而建立，新装修的客房距离有雾的河谷只有数百英里。

在多用途的这片土地上，非消费休闲与传统的以资源获取为核心的户外休闲形成鲜明对比。数万名戴着双筒望远镜的猎鸟人与俄勒冈的40万猎人和60万钓鱼者形成了鲜明对比[35]，沿海山脉和喀斯喀特山脉到处都是麋鹿和狡猾的猎人；哥伦比亚河沿岸到处都是鸭和鹅。在猎鹿季节开放的前一天晚上，波特兰向东，数千辆皮卡和房车沿着波特兰以东的数千条小溪行驶，经过沃帕尼亚山口和桑蒂安山口，到达俄勒冈州中部的黄松林。鸭狩猎者轮流俯瞰着索维岛的野生生物避难所。钓鱼者傲立于冬季暴雨之中，与桑迪河和克拉克默斯河的硬头鳟斗智斗勇。

由于俄勒冈州和华盛顿州的郊区大多都是公共土地，

而且法律规定俄勒冈州的河岸和海洋沙滩是对公众开放的，所以波特兰人习惯于自由自在地进行户外活动。雅皮士[10]和猎人都喜欢带着背包和步枪驱车前往可以打猎的高地。令人惊讶的是，俄勒冈州西北部几乎没有配套设施齐全、有高尔夫球场并能组织活动的乡村度假村。

娱乐经济的兴起引发了区域冲突。几乎没有周末度假屋的主人喜欢看光秃秃的山坡；也几乎没有农民喜欢看到附近的土地被推土机推平，并被建成高尔夫球场。小镇居民可能从事旅游业的工作，但对伐木或商业捕鱼等“养活家庭”的工作的消失深为不满。然而，越来越多的拥有第二套住房的人、退休人员、移居到波特兰和尤金周末地区的企业家和远程工作者正在改变波特兰“乡村”的面貌。

全州投票模式说明了大都市中心日益增长的文化差距。20 世纪 90 年代全州范围内的关键选举包括 1994 年自由民主党人约翰·基查伯（John Kitzhaber）在州长选举中战胜保守派共和党人丹尼·史密斯（Denny Smith），以及同年波特兰民主党人罗恩·怀登（Ron Wyden），在参议员选举中战胜彭德尔顿商人戈登·史密斯（Gordon Smith）。在这两种情况下，更自由、更注重城市发展的候选人不仅拿下了波特兰大都会地区以及莱恩和本顿的大学县，还拿下了北部海岸和俄勒冈州中部的几个旅游县。那些在 1992 年和 2000 年拒绝承认同性恋权利的县，以及 1998 年允许使用医用大麻的县也表现出了类似的宽容态度。这些模式显示出了与俄勒冈州城市地区和农村地区的标准愿景截然不同的模式。这一转变暗示着：在波特兰和尤金的娱乐和通勤范围内，新的世界经济逐渐改变了俄勒冈州的农村地区。

“大波特兰”与俄勒冈州西部边境地区形成了鲜明的对比。1990 年的报告显示俄勒冈州 11 个县每平方英里不到 6 人。5000 英亩的小麦牧场、高地沙漠和灌溉干草草地在任何一本书里都被描写为“宽阔”的空间。1993 年，沿海和内陆的 8 个县仍然保持着鲁莽的边境传统，1993 年的谋杀和自杀率是该州平均水平的 1.5 倍。[36]

想要理解波特兰刚进入 21 世纪时的情景，可以把西北地区想像成一个区域，在这里，两种区域经济和区域身份是相互重叠的。问题不在于一个特定的社区是边境西部还是新兴西部，是俄勒冈州的农村还是俄勒冈州的大城市，而是如何在世界经济的旧角色和新角色之间保持平衡。

大都市经济是变革的引擎。波特兰、西雅图和尤金从加利福尼亚州、韩国招募新员工，并在波士顿 128 号公路附近开软件公司。城市地区不仅需要西北其他地区的资源和市场，也需要西北其他地区提供娱乐和茶点。西雅图大都市区创建了一个北部喀斯喀特斯国家公园；波特兰大都市区创建了哥伦比亚河峡谷国家风景区。亚特希郊区居民移居到俄勒冈州约瑟夫，与牧场主和伐木工人关系紧张。在开了将近三个小时的车来到干燥的乡村之后，人们可以在俄勒冈州康登（人口数为 835）的主街上找到浓缩咖啡、蔬菜三明治和波特兰最大书店的一家分店。

为了说明新旧“西北”的交织情况，请您站在波特兰机场以东的哥伦比亚河堤岸上。此时，传统经济就在你周围。在远处，你可以从华盛顿州卡默斯的造纸厂看到滚滚浓烟。河流下游一条装满木屑的驳船朝向波特兰港行驶。横跨河流的是一条长长的伯灵顿北部火车，车里面装满小麦，从波特兰或华盛顿州卡拉马转运到世界市场。但新型经济同样存在。你可以在1-205号公路听到车辆经过格伦·杰克逊桥时的嗡嗡声。汽车上载着奥林匹亚的人，这些人发现这里比西雅图塔科马更容易飞离波特兰。周末，一群波特兰信息工作者沿着自行车道骑行，他们伸展四肢，放松紧绷的神经。头顶上是阿拉斯加航空公司、联合航空公司、地平线航空公司和西南航空公司在利润丰厚的南北航线上的飞机快速降落和起飞的声音。

波特兰与俄勒冈其他地区间的分界线并不像喀斯喀特斯山顶或德舒特河峡谷那样清晰。相反，两个经济体和相关预期在整个俄勒冈州并存。我们已经生活在一起，在动态平衡中紧密连接，并探索和平共处的可能性。事实上，下一章的中心主题是新旧生活方式的碰撞和在大都市区域内的若干生活方式。

河流地貌与都市风景

海岸令人印象深刻，山脉令人心潮澎湃，威拉米特河谷令人感到放松，但河流仍然是波特兰人的核心。蓝色

图 13 《威拉米特白鲟》（丹尼斯·卡宁汉姆，油毡浮雕，1996 年，波特兰视觉编年史）。丹尼斯·卡宁汉姆的油毡浮雕庆祝了波特兰人及其河流之间的紧密联系，把渔民安排在靠近奥克斯堡的威拉米特河沿岸、市中心南部和罗斯岛

的苍鹭、前场喷泉、玫瑰节龙舟赛是河流的象征。未开发的河畔土地是稀有的公共空间。海滨公园的修剪草坪是举办美食节和社区庆典的场所。鸟类观察者在奥克斯堡、拜比湖、索维岛等城市化区域内寻找自然景观。每年四月的周末，威拉米特瀑布下的河流中布满了一艘艘彼此相连的渔船，渔民们沿袭着传统，捕捉春天的王鲑。艺术家丹尼斯·卡宁汉姆（Dennis Cunningham）在油毡浮雕印刷中捕捉到了一些元素，比如“索维岛”和“威拉米特白鲟”，这些元素装饰着艺术化手法描绘的河流景色和该地区的象征符号或地图。

每个城市都有不容错过的景色。这些景点都是灰线旅行[11]社会带领旅行者参观的景点，是带家人旅行的好去处，是可以印在明信片上的风景。在波特兰，这些景点被绿色和蓝色点缀：玫瑰试验花园、水晶泉杜鹃花园、日本花园、拥有绿色城市景观的皮托克豪宅、哥伦比亚峡谷的蒙诺玛瀑布。最常见的明信片风景照仍然是从玫瑰花园中拍摄的胡德山景，尽管花园中生长的树木正慢慢地阻碍着远眺胡德山的视线。从威拉米特河东岸开始，波特兰市区逐渐淡出了视线。你能看到的是这样的图景：背景是森林葱郁的暗色山丘，前景是蓝绿色的河流，中间是一组高耸的建筑物。只有一座公司大楼引人注目，那座大楼外罩着雅致的橙红色玻璃。

作家们也对河流景观进行了展望。大卫·詹姆斯·邓肯（David James Duncan）在1998年考虑约翰逊溪未来发展的一次聚会上说，他在童年时期“爱上了所看到的每一条小溪和河流”，当时他的家人刚刚搬入波特兰东郊附近。他说，如果你留意一下河流，“你就会快乐地成长，被英语单词riffle、rise、rain，印第安单词Clackamas、Chewana、Celilo、Wallawalla的声音萦绕，这些单词是原始的希腊单词logos配上原始的水在同样原始的石头上流动的声音。”[37]在厄休拉·勒金（Ursula LeGuin）1971

年的科幻小说《天堂的车床》（*The Lathe of Heaven*）中，威拉米特桥的结构突然发生变化，告诉主人公他何时进入了一个平行的宇宙。在与摄影师罗杰·多兰德（Roger Dorland）合作拍摄的一篇关于波特兰西北部城市景观的文字和照片中（瑟曼街上空的蓝月亮，1993 年），她将人潮流动比作河流：

街道像河床，

生活像河流一样

忙而嘈杂，

不断地在流动，

不断地

朝着下游的方向。[39]

明信片上正好突出了市区是波特兰最大的最集中的工作区域：1995 年为 10.8 万个工作岗位，数目仍在增长，违背了城市中心工作岗位会不断缩减的普遍趋势。市区又是广阔的河畔就业走廊的一部分。在华盛顿州蒙诺玛和克拉克默斯的威拉米特河 1 公里范围内就有 21.4 万个工作岗位，占三县全部就业人数的 39%。[40] 由于市中心和港口的实力，这条河流走廊占据了三县一半的金融、保险、房地产、交通和公用事业工作。

波特兰保留了 19 世纪的经济地理学。在“第一波特兰”铁路和水上运输中，建造了一条工业 / 工人阶级的走廊，在 19 世纪 70 年代和 80 年代合并为城市的南北轴线。富尔顿（现在的特威利格社区）锚定了威拉米特河西岸的走廊，富尔顿工厂和工人住房北部是南波特兰——这个城市最好的移民社区，这里有意大利杂货店和意大利兄弟会、犹太学校和犹太教堂。然后来到夹杂着廉价出租房的海滨码头和仓库。工业海滨的码头和工厂在铁路站场的北边，特拉弗斯城的社区中住满了工人。河的下游，林顿的海滨定居点开发了一批木制品加工场。

河流的东岸发展成了工业走廊的一部分。东波特兰和阿尔比纳曾是威拉米特河上的霍博肯和泽西市，为围绕码头、磨场、工厂和铁路码头建造起来的工业郊区。这类社区是由小酒馆、家庭旅馆、培训员和爱尔兰移民组建而成，非常团结。东部波特兰位于沼泽状的滨水区之后，这片滨水区穿过了波特兰的河流，始建于1861年，1870年建成，其合法边界从东南霍尔盖特到东北霍尔西。北部是阿尔比纳，始建于1873年，1887年建成。由于横贯大陆和加利福尼亚的铁路首先在阿尔比纳相连，东侧城市担任北太平洋公路管理的铁路交换和维修中心的中心经济角色。忙碌的一天里，1000多辆铁路车辆进出波特兰。太平洋海岸起卸机，其百万蒲式耳的产能在双子城以西是无与伦比的，可以从8条铁路车辆卸下粮食，同时将其装载到两艘船上。刨磨机、木材场、窗扇工厂以及其他阿尔比纳工业名册中的制造工厂。家庭旅馆和小农舍位于这些工厂后面。第一个工业时代的幸存象征是联合太平洋铁路公司的烟囱，建于1887年，是“一直持续的根本”。

工业增长和首个威拉米特河桥（1887年、1889年、

1891 年、1894 年）为 1891 年的大合并铺平了道路，波特兰、东波特兰和阿尔比纳合并成为一个超级城市。一个世纪以前的波特兰和如今一样，一直对西雅图怀有警惕之心。1890 年的人口普查显示西雅图抢走了西海岸第二大城市（位列旧金山之后）的称号，波特兰的支持者因此开始行动起来。新成立的商会推动了一场关于是否合并的全民公投。东部居民认为可以通过取消过桥费而从中受益。位于西部的企业将获得更大的市场。选民们纷纷表示同意。这一合并立即将波特兰土地面积从 7 平方英里扩大到 26 平方英里。两年之后，这个城市通过吞并西南山丘塞尔伍德的大部分地区，面积又增长了 50%，最东边一直到第 24 街。

20 世纪初，波特兰的码头区由贫民区、工厂区和移民社区组成，这里爆发了波特兰史上最严重的一次劳资纠纷。1922 年，码头工人离开码头，因此这里由船务公司控制。11 年后，国际码头工人协会组织了整个海岸的工人于 1934 年 5 月罢工。当年夏天，3000 名波特兰海滨工人和 15000 名独立工人参与了罢工。起初，警察允许纠察人员驱散罢工破坏者，甚至阻断了一艘开往百老汇大桥的船。商界的要求很快就导致约瑟夫·卡森（Joseph Carson）市长改变了他的命令，并将警察征召起来。纽约市议员罗伯特·瓦格纳（Robert Wagner）作为富兰克林·罗斯福计划参观新博纳维尔水坝的计划人员，当他试图参观码头时，遭到了公司警卫的枪击。这一事件，再加上阻碍博纳维尔的威胁，使得瓦格纳有了影响力，迫使雇主们进行仲裁——这是 ILA 的一种默认合法化。

波特兰人正忙着操纵自然河流，创造新的工业用地。疏浚和填埋将威拉米特河海岸线延伸到沙利文峡谷口等地区，这是目前 I-84 公路的必经之路，将湿地变成了可建造的房地产。东南联合大道（现马丁·路德·金大道）最初是在泥土地上打桩，大部分中东侧工业区是在这片土地上开发的。北太平洋填补了库奇的湖泊，现在改建成河区住房。路易斯和克拉克博览会的组织者（见第 3 章）在波特兰西北部的吉尔福德湖的回水周围布置了展厅，利用威拉米特河涌出的新鲜河水，保持展会的清洁。展会结束后开始了工业用地湖面漫涨的过程。吉尔福德湖工业区的大部分土壤被从西山冲下来。高压水龙头冲刷了街道，把山上的韦斯托弗梯田都冲了下来，木质水槽把悬浮的泥土带进了浅湖。到了 20 世纪 90 年代中期，第一批住房点缀在裸露的山坡上。吉尔福德湖在 20 世纪 30 年代是一片枯燥平淡的泥滩，等待着二战期间的开发。

波特兰港疏浚整顿了通往斯旺岛的威拉米特河道。港口将通道从岛东部转向西部，将岛本身附着在东岸，首先建造了一条机场路线，1940 年之后又进行了大规模工业化。波特兰在 20 世纪 70 年代和 80 年代重新成为国际港口，延续了 20 世纪 10 年代首次确定的土地利用趋势。现代港口消耗大量土地，特别是集装箱堆场和汽车加工业。小麦仍然从市中心对面的两部起卸机里装载，但大多数港口功能已经稳步向下游转移，进入哥伦比亚河——达到 4

图 14 《一路平安》(安德鲁 · 哈利，木炭画，1996 年，波特兰视觉影像编年史)。安德鲁 · 哈利的炭笔画描绘了目前仍停靠在威拉米特河码头和市区内起卸机旁的货船和散货船。笨拙的集装箱船和摇摇晃晃的汽车运输船顺流而下，停靠在威拉米特河上的波特兰 4 号集散站和哥伦比亚河上的 6 号集散站

号集散站、6 号集散站和里弗盖特、温哥华港，或许在未来还会到达海登岛。到达的集装箱里装满了亚洲制造品，还有大量的本田、丰田、现代汽车（20 世纪 90 年代平均每年产出 28 万辆）。谷物、木屑和苏打粉都被淘汰了。新的码头工人靠操纵大型集装箱起重机谋生。联邦政府的疏浚工程将 100 英里长的哥伦比亚河航道保持在 40 英尺(相比之下，西雅图只有 45 英尺) 的开放水域。

威拉米特河仍然是波特兰的经济动脉，但它变得比以前更干净了。1962 年，新闻播报员汤姆 · 麦考尔（Tom

McCall）一跃成为全州的知名人物，并最终以一部关于《天堂污染》（*Pollution in Paradise*）的纪录片进入州议会。城市污水、农田径流以及纸浆厂和罐头中的有机废物霸占了河流中的氧气，杀死了水生生物，造成了巨大的夏季污泥筏。20 世纪 60 年代中期才开始的清理工程在 1980 年才使河流恢复生机。波特兰市自 1991 年以来就着手准备一个将暴雨排水与废水分开的价值 38 亿美元的项目。同时，底层沉积物和海岸线的工业污染使波特兰港获得了 2000 年美国政府指名下发的有毒废物堆场污染清除基金。

河流也是政治和社会的分界线。哥伦比亚河南北侧，也就是华盛顿州与俄勒冈州之间存在的政治差异我们可以留在第 3 章讲述。然而，即使在城市的中心，20 世纪 90 年代的大众共识定义出了两个波特兰，由威拉米特河区分开。一个备受欢迎的解释是，东边是东边，西边是西边，两方只在开拓者队的比赛中见过面。地方政治往往以西方“马不停蹄”和东方“无所事事”为依据。在当地的形象中，正如记者基思·莫雷尔（Keith Moerer）所评论的那样，东侧人将西侧人描述为“富有，傲慢，城市里的肥宅们生活和工作的地方，追求地位的人向上位攀爬地方。”[41] 西侧人则认为东侧人贫穷、平淡、沉闷且危险。西侧海滨有一个公园，东侧有高速公路（2000 年，一个浮动的走道）。在威拉米特以西的地方有更多的股票经纪人，威拉米特河以东有更多的休闲车经销商和保龄球馆。餐厅企业家比尔·麦考密克（Bill McCormick）在 20 世纪 80 年代初选择西侧郊区开设新餐馆时说道:“不要误会我，当时考虑餐厅地点时，我们觉得在比弗顿更舒适一些，你可以在比弗顿选择一平方英里的面积，并且非常接近人口统计数据。东侧波特兰有一些宏伟的住宅区，但它像是一个棋盘……你永远不会知道谁会住在你家附近。”[42]

人口普查数据也支持了大众共识的结果。比较东西侧人口普查数据中如接受教育年限、收入和职业管理就业等表示社会经济状况的指标，结果显示西侧人口普查数据一直较高，在 1950 年以来出现差距。在城郊圈内，有一个统一的等级，从较高地位的西侧华盛顿县，到跨越河流的中等地位的克拉克默斯县，再到跨越州边界的较低地位的克拉克县。

社会与经济指数，1990 年 **表 2**

	华盛顿县	克拉克默斯县	华盛顿州克拉克县
持有学士学位或相等学位的居民比重	30	24	17
从事行政、管理或专业工作的员工百分比	32	28	24
家庭收入（中等）	35554 美元	35419 美元	31800 美元

20 世纪 90 年代社会天平再次倾斜，东侧变得时尚起来。从 1990 年到 1998 年，波特兰市区的中等小区房价上涨了 68%，这是 20 世纪 80 年代以来经济繁荣和人口流动刺激萧条市场造成的结果。这一价格上涨首先打击了西侧和华盛顿县，造成价格不平衡，吸引买家到更实惠

的东侧购置房产。像欧文顿或阿拉梅达这样稳定的社区在 20 世纪 90 年代初期出现价格上涨；像克恩斯和埃利奥特这样的下层社区在 20 世纪 90 年代末期感觉到了变化。在某种意义上，这是第三代的回归。例如，祖父母在 20 世纪 20 年代中期定居在新开发的荷兰殖民地或平房住宅区。他们的孩子从东侧高中毕业，然后于 20 世纪 60 年代大学毕业后在西南山或比弗顿买新房。他们的孙子辈在 20 世纪 90 年代又回到了现在的平房，刺激了时髦商店和餐馆的兴起，这是他们在 15 年前想也没想过的。

河流刺激了经济和社会分化，但也是威胁和挑战。当温暖的雨水融化积雪倾泻并淹没了田地时，河流泛洪。1894 年的高水位淹没了大部分市中心，从中央商业区转向第五大道、第六大道和百老汇的方向。1996 年 2 月，志愿者们用木头和沙袋护墙搭起了市中心的海堤，类似的一幕再次上演，这激发了公民精神。

最具社会破坏性的洪水于 1998 年 5 月 30 日爆发，数周的暴雨使波特兰的哥伦比亚河流高出冲积平原 15 英尺，并仅由堤坝阻挡。在 16 时 17 分，水淹没了铁路路堤，摧毁了凡波特的战时住房项目。当水充满了沟壑和低洼时，社区的 18500 名居民（1944 年有 42000 位居民）仅有 35 分钟的时间撤离。上升的水岸线让凡波特的木制公寓楼像玩具船一样从地基上旋转起来。在这场发生于阵亡将士纪念日的洪水中，仅有 15 人丧生。但剩余的难民涌向了波特兰这个仍处于战后修复的城市，真的希望凡波

图 15　凡波特洪水（俄勒冈历史学会第 68883 号）。1948 年阵亡将士纪念日那天，哥伦比亚河上涨的河水冲破了铁路的路堤，摧毁了已经有 6 年历史的凡波特社区。在 1994 年的鼎盛时期，凡波特为造船厂工人和 4 万多人提供了住房。对于非裔美国人来说，凡波特仍然是一个重要的住房选择，可洪水迫使他们搬入已经拥挤不堪的阿尔比纳地区

特人口能够少一点（厄尔·莱利市长（Earl Riley）称这点“非常令人头痛”）。洪水带来的麻烦之一是种族问题。超过 1000 个被淹没的家庭是非洲裔美国人，他们只能在北波特兰找到落脚点。波特兰白人也记住了这场洪水，他们认为这是一个令人兴奋的挑战，也是一个摆脱贫民窟的好机会。波特兰黑人，如壁画师伊萨卡·沙姆萨丁（Isaka Shamsud-Din）记录了这场社区灾难。

最近的一项挑战对波特兰利用和享受河流的能力提出了质疑，即波特兰能否同时利用和享受河流带来的经济效

益和情感价值。1998年3月11日,国家海洋渔业局援引《濒危物种法》,宣布哥伦比亚河下游冬季铁头鳟为濒危物种。溯河鱼类,如鲑鱼、虹鳟生于流动的淡水中,迁徙到海洋,再返回淡水产卵。该名单涵盖了哥伦比亚河,远至内陆的胡德河,主要支流如刘易斯河、桑迪河和威拉米特河,还涵盖了这些河流的支流。1999年3月16日,联邦机构列出了另外四种大都市鱼类的濒危种群:威拉米特河上游的虹鳟和奇努克鲑,以及哥伦比亚下游的长尾鲑和奇努克鲑。威拉米特河上游来自华盛顿县的图拉丁河;哥伦比亚下游有约翰逊溪、特赖恩溪、范诺溪和其他城市河流的汇入。

这个清单改变了波特兰的发展方式。Metro做为此区域的土地利用规划局,已经出台了保护河流免受发展影响的新指导方针。新建筑必须从溪流处后退50 ~ 200英尺(而不是以前的25英尺),这个数值取决于土地的坡度和水路的特征;这一规定从可开发土地的清单中移除了数千英亩土地。华盛顿县的电子公司需要降低工艺用水的温度才能将其回流。1999年5月,波特兰的通用电气公司同意拆除桑迪和小桑迪河两座小水电站。波特兰市从胡德山西北侧的布尔河抽水,为了保持其水库的全年流动,波特兰更多地依赖地下水。威拉米特河的渔民不得不削减春季奇努克鲑的捕捞以保护孵化场中混合的少数野生鱼类。

保护哥伦比亚河上游和斯内克河上游的野生鲑鱼是一个悬而未决的更大问题。博讷维尔电力管理局和美国陆军工程兵团每年花费数千万美元以减轻该地区庞大的主流水电系统对电力、导航和灌溉的影响。鱼类的生存与高价值农业、需要水力发电的铝厂、需要充电桩的电动车以及驳船运输业的利益产生着冲突。该地区现在已经做到了不可想像的事情——为了鲑鱼自由通行而拆除了斯内克河下游的四座大坝，代价是 1200 兆瓦的发电力和 140 英里的通航水道的花销。[43]

基本的社区价值观以及《濒危物种法》促使 1998 年“中央城市首脑会议”将“位于社区中心的健康之河”列为波特兰中部地区未来发展的两个最高优先事项之一。波士顿数百名行动者、创造者和思想人士聚集在一起，首脑会议认为，威拉米特河“是市中心本质和精髓，这一点应得到更充分的认同和接纳。”参与者指出，威拉米特河不仅是一个关键的生态系统和栖息地，也是“交通方式、操场、剧院、景区资源……这条河是我们的遗产。”作家金·斯塔福德（Kim Stafford）试图用一首诗来总结城市与威拉米特河的关系：

光映照在水面，

鲑鱼悠游城市间，

桥梁耸立，

远方驶来轮船。

河流是我们唯一的开放空间，

它怀抱着纯洁的晚霞，

它来自于群山。[44]

第2章

日常波特兰

拉蒙娜·昆比眼中的波特兰：最好的城市？

20世纪50年代，我在俄亥俄州西南部城市——代顿（Dayton）读小学，我对那时候的记忆就像对波特兰的记忆一样，仍然感觉历历在目。孩子们走路去上学，去图书馆；附近的电影院播放着适合家庭观看的连场影片；古老的商业街上仍散落着几处五金店、杂货店、花店。人们认为这座城市的市中心和古老的街区就像是多伦多的缩影。

这也是亨利·哈金斯（Henry Huggins），拉蒙娜·昆比（Ramona Quimby），以及他们那些住在克利基塔特大街（Klickitat Street）和蒂拉穆克（Tillamook Street）大街上的朋友们的家乡。亨利和拉蒙娜是碧弗利·柯利瑞（Beverly Cleary）所塑造的人物形象。她在1950年塑造出了亨利·哈金斯，在1984年塑造出了拉蒙娜·昆比，前前后后出版了15部儿童书籍，在创作期间，她重游了位于波特兰西北部的小镇，那是她儿时成长的地方。碧弗利的书销售突破了千万册，是波特兰市流传最广的名片。在碧弗利的故事中，亨利、拉蒙娜、拉蒙娜的姐姐比苏斯（实际名字为碧翠斯）以及其他同学们上演的一幕幕故事重塑了那个小镇的日常。学校、公园、教堂、商店是小镇的标志，人们的日常生活就在这里上演。每一天都有孩子们惹是生非，父亲丢了饭碗，母亲进入职场（作品从前几部到后几部的转变），老师总是不善解人意，大一点的孩子说拉蒙娜害人不浅。

碰巧我居住在克利基塔特大街的一座白色四方形房子里，这座房子很可能是哈金斯的家。我们能轻易地在波特兰东北部标记出柯利瑞在作品中所虚构的城市景观，同样，我们也能很轻易地在宾夕法尼亚州雷丁市（Reading）指出约翰·厄普代克（John Updike）所描述的布鲁尔（Brewer）工业区，在密西西比州拉斐特郡（Lafayette County）指出威廉·福克纳（William Faulkner）所描述的约克纳帕塔法郡（Yoknapatawpha County）。波特兰人很容易辨认出罗斯芒特（Rosemont）学校和格林伍德（Greenwood）学校（拉蒙娜所去的学校）就是当地的博蒙特（Beaumont）中学和芬伍德（Fernwood）中学。我能确切地指出亨利想在圣诞节那天去滑雪橇的那座小山。格兰特公园（Grant Park）就是孩子们捕捉夜爬虫的地方。威斯敏斯特长老教堂（Westminster Presbyterian Church）是拉蒙娜在圣诞巡游期间扮演小羊的地方。当拉蒙娜想走一条与往常不同的路回家时，碰见了夺走她鞋的那只凶巴巴的狗，当时她路过了几处灰泥和灰色木瓦制成的房子。对于这几处房子，我能在波特兰西北部标记出好几处备选地点。

碧弗利·柯利瑞的书描绘了一个清一色的城市，城市中居住的都是小型个体工商户、娴熟的工会会员、上班族、专业人员等中产阶级。她的描述目前看来依然正确，在波特兰地区，人们的经济水平彼此相当。市中心的商业实力和城郊地区的缓慢发展抑制了城乡政治的阶级分化。波特兰地区的城乡收入差距比大多数同等规模的大城市（100万～250万）都要小。[1]

波特兰的经济阶层按照邻近地区的标准也保持一个较好的水平。稳定的高收入住房区毗邻各种中等和工薪阶层地区。波特兰与大多数城市相比，贫困人口更少。1989年，在全美50大城市中，27%的儿童处于贫困状态，其中近三分之二的人生活在贫困街区。相比之下，在波特兰地区，只有18%的儿童处于贫困状态，其中不到25%的人居住在贫困街区。[2]

尽管我们目前可以轻易地在波特兰识别出拉蒙娜所处的街道和公园，不过，柯利瑞所虚构的城市相较波特兰本身而言，还缺失了一个部分。柯利瑞书中的人物都是白人，他们日常接触的也都是白人。对于像哈金斯和特比斯（Tebbitts）这样的名字，都是盎格鲁－撒克逊裔白人的姓名，不存在其他一眼就能识别的种族名字。

由于1960～1990年期间的街区转变和街区复兴，

虽然如今昆比家所在的街区仍然属于舒适的中产阶层街区，但是街区中既有黑人又有白人。在波特兰东北部区域不仅是非裔美国人的集中地区，而且也是埃塞俄比亚移民的居住地。北部艾伯塔街（Alberta Street）居住着墨西哥人，他们在那里经营着墨西哥餐馆。在北部帕克罗斯（Parkrose）地区设有拉丁社区发展协会。越南商业都集中在桑迪大道（Sandy Boulevard），古老的罗马公教会和学校在那里都演变成了东南亚教区，有6000位教区居民。

书中描写的城市与真实波特兰的对比反映出这座城市在延续与演变中的平衡。在20世纪90年代，波特兰对于居住在北部落基山脉和北部平原的白人来说依然保持着极大的吸引力。在20世纪20年代，人们厌倦了北达科他州漫长的冬季，乘坐北太平洋铁路和北方铁路来到了明尼阿波利斯市、西雅图和波特兰。州际铁路贯穿东西。在20世纪90年代，加利福尼亚白人将房地产股权兑成现金，然后搬到一个种族之间更加平等的地区，因此波特兰就相当于他们的避难所。1990年，在38个拥有100万人口以上的大城市中，只有明尼阿波利斯-圣保罗（Minneapolis-St. Paul）的少数民族居民比例较小。

同时，自20世纪早期开始，波特兰的种族多样性就更加丰富。西班牙裔和亚裔人口在20世纪八九十年代迅速增长。克拉克默斯县和华盛顿县拥有最大比例的西班牙裔和亚裔人口。1990年，少数民族占蒙诺玛（Multnomah）

县的15%，华盛顿县的10%，克拉克默斯县的5%。2010年之前，华盛顿县的西部郊区可能在种族多样性方面超过了蒙诺玛县。

正如少数民族市郊化建议所说，外籍波特兰人相对均匀地分布在大都市地区。1990年，外籍波特兰人占蒙诺玛县和华盛顿县人口的7%，亚姆希尔（Yamhill）县的5%，克拉克默斯县和克拉克（Clark）县的4%。1998～1999年间，波特兰学校中有4700名非英语母语学生，在蒙诺玛县东部的较大区域，有3300名非英语母语学生，在更大的华盛顿县，有5300名非英语母语学生。尽管按照洛杉矶标准来看，这一数量相对较小，但是在比弗顿有韩国区，在华盛顿县郊区有墨西哥区，在波特兰东部有越南区，在克拉克县有俄罗斯区。

如果对波特兰民主和文化的演变和持续性观察得更仔细一些，我们就能区分出至少四个“波特兰”。分别为：进步派波特兰人、阿尔比纳地区、硅谷郊区和城市周边地区。他们有不同的政治价值观、机遇、行为规范和对良好社区的定义。这种现象是历史层积和居住地自主选择的结果。城市的不同地区有不同的社会观和价值观。这四个“波特兰”的居民有不同的邻里偏好和公共服务偏好。种族、超越空间的社会政治观、意识形态和地区所依靠的主打产业，都在某种程度上影响了他们对未来的共同价值观和希望。对于主打产业，并非按居民们的社会阶层来区分，而指各地区居民与当地乃至国家企业的联系。在这种意义上来说，正如在特定大都市区域所经历的真实生活一样，区分波特兰的正是典型的社会学二分法。

这些文化和经济上的差异表现在城市景观中，这些景观表达了对城市区域的不同看法，即城市作为一个供人类工作和生活的地方能够或者应该做些什么。本章节探索了个人价值观和产业关系是如何创造利益共同体的，并试图弄清这样的利益共同体是如何定位和利用空间的。我们能将本章的主题定为“社会环境”或“文化生态”（借鉴了雷纳·班纳姆（Rayner Banham）对洛杉矶四个“生态”的形象描述）。[3]

进步派波特兰人

芭芭拉·罗伯茨（Barbara Roberts）热爱她生活的街区。1998 年，当从波士顿搬到波特兰的时候，她选择在波特兰东南部威斯特摩兰（Westmoreland）街区的一处荷兰殖民地居住。她的房子建于 1911 年，占地 5000 平方英尺，房子的前门装有彩色玻璃，在宽门栏处设有柳条家具。三个街区开外有古老的商业街。尽管药店和折扣店在罗伯茨搬来不久就倒闭了，但她依然可以步行到杂货店、五金商店、电影院和各类银行、餐馆。

芭芭拉·罗伯茨是所谓“进步派波特兰人”的典型代表——很多人和社区都具备这一公民能动性。罗伯茨在 1969 年就开始了她的公民事业，提倡残疾儿童接受教育和兴办残疾学校。接着，她又开始了政治生涯，参加蒙诺玛县委员会，参与州立法，获得政府公职，当选俄勒冈州政府秘书长，1991 ~ 1994 年间在塞勒姆（Salem）州长办公室和州长郡工作和生活。在搬到波特兰威斯特摩兰之前，她在哈佛大学肯尼迪政府学院担任了三年的项目专员，如今在波特兰州立大学运营着一个相似的项目。

罗伯茨回到家乡是因为她想去“感受与他人的联系”。波士顿是一个能启发智慧，但社会状况堪忧的城市。在波特兰塞尔伍德（Sellwood）- 威斯特摩兰区，她发现了一种小城氛围，这种氛围让她想起了童年时期那个位于俄勒冈州谢里登（Sheridan）的小城。她说：“威斯特摩兰有作为一个街区该有的那种感觉。”威斯特摩兰有老人、中年人和小孩。居民们对政治都很上心，选民登记率和投票率都很高。他们能注意到别人如何布置院子和修剪花园；当她砍掉影响她和邻居生活的老树时，每个人都评头论足。街区的酒吧和餐馆都把她当作家人一样对待，赶走那些想要责骂她在塞勒姆所犯过错的人（为了联邦服务，她支持了一项极不受欢迎的销售税）。[4]

进步的波特兰不仅是一个地点，更是一种精神状态。它的意识形态核心仍然遵循约翰・肯尼迪总统提倡的“公共服务优先于个人利益”的政治理念。波特兰市包括许多建于 1870 ~ 1940 年的东部新区，并自 1965 年起就有意识地保护和拓展城市边界，其中就包括罗伯茨的社区和拉蒙娜・昆比的社区。它还将自己的城市边界延伸到了西部山区和西部近郊，譬如比弗顿（Beaverton）、图拉丁（Tualatin）和莱克奥斯韦戈（Lake Oswego）。波特兰的居民大多数是白人，其分布与高等教育水平密切相关。波特兰市民家庭收入富足，且具有公民责任感。

在这种邻里环境中，主要居住着两类人群，俄勒冈州的民意调查人员亚当·戴维斯(Adam Davis)将其称为“关注社会的自由主义者和满足的社会温和派”。[5]前者认为俄勒冈州表现良好，但他们支持加强环境保护，并支持为那些贫困潦倒的低收入群体提供社会服务。而后者则更为成功，满足于俄勒冈州的发展情况，同样对环境问题表示关心，但他们对政府项目的看法不一。总之，这些人是“进步的”，正因为有他们的推动，波特兰的城市规划和发展等各个方面均达到了全国领先水平，成为其他城市争相效仿的先驱者。两者都提出的问题是：促进紧凑型发展，注重环境保护、建立优质公立学校，以及保护城镇原始风情，避免现代主义的过度改造。从历史意义的角度来讲，这是一场旨在将民主和效率结合起来的政治运动，他们都是进步主义者，抑或是新兴进步主义者。这里的经济基础是商业和房地产的利益联盟，由专业人士和管理人员（如大学教授）通过理性分析来定义和追求公共利益。

进步派波特兰人和西奥多·罗斯福、伍德罗·威尔逊（Woodrow Wilson）等进步主义者一样，都超越了党派忠诚。芭芭拉·罗伯茨是自由民主党人的典型代表。她可以和埃莉诺·罗斯福（Eleanor Roosevelt）、林登·约翰逊

（Lyndon Johnson）一样流利地讲述着政府将自由赋予穷人，病人和受教育程度低的人的责任和能力。然而，俄勒冈州是德怀特·艾森豪威尔（Dwight Eisenhower）现代共和主义的最后一处栖息地。共和党人汤姆·麦科（Tom McCall）于 1967 ~ 1974 年担任州长，我们在下一章节也会对他有所介绍。他居住在波特兰的高收入区——西山区，并且倡导环境保护运动。共和党人维克多·阿提耶（Victor Atiyeh）于 1979 ~ 1986 年担任州长，他的风格以俄勒冈州的环境来讲更偏保守，而在当时受里根主义影响的国家环境中显得相对温和。在当选之前，他是一名市区零售商，二十年如一日地在议会中代表华盛顿县的老郊区，他和妻子住在 20 世纪 50 年代购买的房子里。阿提耶是一名财政保守主义者并持有温和的社会立场，他认为，整个社会不需要多大的改变，他还代表着波特兰政治建制的另一个分支——洛克菲勒共和主义，而不是金里奇激进主义。

波特兰的主流进步主义者认为政府提供了有价值的服务，并相信俄勒冈州“良好政府”精神会使他们维护公共利益。例如，1996 年，他们控制了几个街区，这些街区的居民们投票呼吁主动为轻轨建设和动物园整修纳税。同样是这批居民投票反对了《47 号法规措施》这条措施旨在限制财产税的额度，并同年已获全州其他地区的投票表决通过。[6]

人民相信政府，因为在波特兰，人民就是政府。波特兰地区的政治允许广泛参与。波特兰的党派力量较弱，并有无党派的市、县选举，同时，也没有种族主义抱团投票的现象。这意味着要赢得选举就要从人们关切的问题和候选人的个人魅力上下功夫。候选人筹集资金，组建自己的竞选团队，试图让最令人深刻的独立代言人成为他们的推荐人。市民中的活跃分子能够成为优秀的政治家。公民咨询委员会是公共行动重要的灵感来源。在一次自我评估中，波特兰的活跃分子认为政府公开、公正，且平易近人。敏感的公民说他们向政府提出的建议都被采纳了，以至于新来的居民都需要遵守这些规定。政治分析员大卫·布罗德（David Broder）描述说，波特兰的政治是“公开的、不可预知的、参与度很高的。波特兰是一座大城市，但在政治上表现得像一座小城镇。每个人都互相认识，至少政治活跃分子都互相认识，人们相处得十分和睦，且相互宽容。”[7]

布罗德的这一描述也反映了波特兰对女性领导的开放态度。例如，在 1993 ~ 1994 年，女性同时担任州长、波特兰市长、蒙诺玛县委员会主席和都市区执行董事。1988 年大卫·舒格曼（David Sugarman）、默里斯·特劳斯（Murray Straus）根据几项指标，将俄勒冈州评为全国女性平等第一大州，其中经济平等位列全国第四，政治平等位列全国第四，立法平等位列全国第一。1998 年美国妇女政策研究所发现俄勒冈州在政治参与权、代表权、经济自主权和生育权方面位居各州之首。[8]

私营经济也对女性很友好。在成年女性工作比例上，大都会波特兰略微领先全国其他地区，从 1970 年的 44%上升到 1996 年的 62%（与从 42%上升到 59%的全国比例相比）。职业女性和位于管理层的女性所占比例很高，在女性创业占比方面，大都市地区位列全国第三。事实上，从 1987 年到 1996 年，由女性拥有的公司数量增长了 121%，是所有大都市中增长最快的。[9]

进步主义者中的一类是来自西山区富裕街区的“上城区居民”，西山区是市中心以西陡峭的山脊上耸立着的长长的新月形的昂贵住宅区。在波特兰的早期，社会地位随着与西侧河流的距离而增加。在公园大楼和百老汇周围可以找到富裕者的早期住宅，住宅的高度足以让住户从前窗欣赏到胡德山的美景。然而，到了 19 世纪 80 年代早期，大亨们模仿旧金山开始创建波特兰自己的“诺布山”（Nob Hill）。豪宅位于西北 18 号、19 号、20 号和 21 号街道——豪宅与波特兰市中心的距离和丹佛国会山与市中心的距离大致相同。新居民区也伴随着配套的马路建设，以便居民们通勤到位于河边的办公室。俄勒冈州编辑哈韦·斯科特（Harvey Scott）这样描述 1890 年新兴的精英社区：

人们被远处宏伟壮观的住宅、昂贵的建筑和华丽的装饰迅速吸引了。其中许多住宅都是由整块石头建造，周围点缀着精美的树木、草坪和鲜花，并配有别致的车道……其中宽敞华丽的 West End 住宅价格约为 20000 ~ 50000 美元——其中一些住宅价值 90000 美元——这些住宅为 3 层和 4 层住宅，主要是安妮女王风格。这些精美的住宅正是建造在高原上，从上层窗户和塔楼看去，景色一望无际。人们普遍认为，这片小区广受赞誉，并价格不菲，是财富与美的永居之地。[10]

家庭汽车的出现为西部的陡坡开发住宅提供了便利。截止到 20 世纪 20 年代，西山区是波特兰的新精英区。三代以来，金斯高地（King's Heights）、阿灵顿高地（Arlington Heights）、威拉米特高地（Willamette Heights）为富裕的高地地区。波特兰高地（Portland Heights）和康瑟尔克雷斯特（Council Crest）享受着胡德山美丽的山景，以及 10 分钟就能到达市区办公的便利。成功的商人、富有野心的专业人士、富有的家庭由此得以用住宅所处位置的高度与市区边缘低收入人群进行区分，一直保持着其社会阶层，无需逃往郊区就能享受着优美的环境。

这些人是波特兰的迷你婆罗门。他们中有房地产、银行、运输和制造业的继承人，以及法律、医学和商业服务的成功从业者。诸如跑鞋、汽车旅馆和音像商店这种增长型工业让波特兰出现了一些新生的富人阶级，但并没有带来挥霍的消费文化。得以邀请加入董事会和委员会的人均带有典型的波特兰式消费压制风格。也许这种态度正反映了 20 世纪波特兰商业领袖的新英格兰传统，或仅仅是为了保持低调，而不暴露他们的豪宅。弗朗西斯·富勒·维克多（Frances Fuller Victor）也在波特兰历史的前一百年中，发现了相似的情况。对“舒适且温馨的城市外观”以及“用于展示已经建立或正在建设中的精致建筑”而过于狭窄的街道作出评论。[11] 在 11 月到次年 2 月期间，西山区精英们的住所常笼罩在清晨的薄雾中，让他们看上去仿佛居住于云端。这些人更倾向于将财富用于投资，而非在罗迪欧大道（Rodeo Drive）的高档商店中挥霍。他们中的多数人是温和的共和党，这也使俄勒冈州成为西部为数不多的几个支持尼尔森·洛克菲勒（Nelson Rockefeller）的州之一，1964 年总统竞选中，尼尔森·洛克菲勒在俄勒冈所获得的选票领先于巴里·戈德沃特（Barry Goldwater）。他们具有鲜明的个人风格，坚定而保守地支持艺术领域，对他们所处团体的风格十分满意，并对温和的社会变革表现得很开明。熟悉费城的读者可能会认为西山区的部分区域就像是没有着装要求的切斯纳特山（Chestnut Hill）的延伸区域。

在西山区这种情况下，因为他们距离市中心“近”，因此产生了对这座城市的关切。居民关注市中心的健康问题，因为市中心是他们最方便的购物区，往往也是他们的工作地点。他们关心城市学校系统，因为他们的孩子生活在这个系统中（并且因为波特兰没有强大的精英私立学校教育传统）。参与城市政治可以保护他们的社区以及商业投资。用最简单话说，他们对波特兰“提出要求”是因为他们可以从客厅的窗户、阳台和后露台上看到城市的中心。

西山区很容易融入一系列靠近中心城市的高级市郊社区。由于波特兰城市生长边界的特性（详见第 3 章），这些居住在半独立住宅中的人们很难有机会建起占地大、成

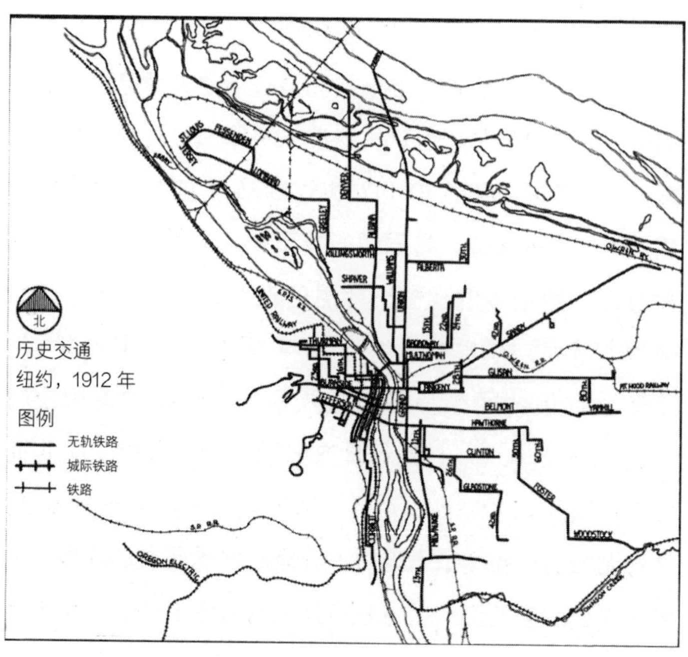

图 16　1912 年（波特兰市）的有轨电车路线。到 1912 年，大部分东城区都开通了电车线路，距离市中心 6 英里。有轨电车支撑着工人阶级和中产阶级社区的发展

本高的大农场。因此都市地区没有与康涅狄格州或宾夕法尼亚州远郊地区巴克斯郡（Bucks County）类似的地方。相反，它却拥有中等大小的非常漂亮的房子。丹索普（Dunthorpe）、莱克奥斯韦戈（Lake Oswego）、图拉丁（Tualatin）和 西林恩（West Linn）将西面波特兰的宜人且相对自由的社区延伸到城市范围之外。一个比较好的类比是贝塞斯达（Bethesda）和塞维·蔡斯（Chevy Chase）将富裕的西北部华盛顿区延伸到哥伦比亚特区之外。

两三个左翼倾向的代表是关注社会的活动家（例如

我和芭芭拉·罗伯茨），他们在交易和专业服务中赚取收入。商业业主居住的旧社区现在充满了新的专业人士。在西山区，这些人的存在使这个高阶层社区的社会和政治氛围更加生动。他们在这片一眼望去一片祥和的共和党领土上，投票选举着民主党的立法者。[12] 在东面有上层中产阶级的社区，例如伊斯特摩尔兰德（Eastmoreland）、劳雷尔赫斯特（Laurelhurst）、欧文顿（Irvington）、阿拉梅达（Alameda）和格兰特公园（Grant Park），还有中等社区，例如，眺望台（Overlook）、拉德加成（Ladd's Addition）、塞尔伍德（Sellwood）、大学公园（University Park）和皮德蒙特（Piedmont）（在一个世纪前被宣传为"绿宝石，波特兰的常青郊区，专门为住宅所建，理想的居住地"）。

所有这些社区都可以追溯到20世纪的第一季度，当时桥梁和手推车使东面成为中产阶级波特兰人的一个重要选择，他们希望远离喧闹的海滨。20世纪早期的房地产开发商了解客户对维持社会差异的期望，因此使用限制性契据保证条款维持社会和种族的统一。波特兰东北部阿拉米达社区的宣传者就是一个典型的例子：

美景、空气、阳光、理想的居住环境——阿拉米达公园是您投资的黄金选择。您所居住的地方比昂贵的建筑更重要。最进步的城市的最佳区域不再是"刚刚成长"的样子，而是因其地形美感、交通便利而被人们选择，然后由景观园丁布置以保护其自然美景……

……著名的景观园丁奥姆斯特德先生（Mr. Olmsted）负责小区的景观设计……并于1908年初首次出售……在撰写本文时，即1910年10月15日，小区旧址和主要地区已铺设了自来水主水管。水泥步道和路缘石正在迅速接近完工；燃气总管正在安装。污水系统处理日渐完善。硬面铺设将在管道铺设完成后开始。随后将开始设立集群路灯，并装点上庭荫树……

百老汇大桥于1913完工后，人们将更容易从西侧进入阿拉米达公园……将河流对人们出行的影响消除了。事实上，百老汇大桥连接的这条交通动线穿过的私人住宅区中居住着公园的理想客人。

在公园的大部分区域，建筑限制为500美元。然而，上等地段的建筑限制为3500美元。所有住宅楼必须距离建筑红线20英尺。除了在道路最角落的某些地段外，其余地段不允许有商业房屋。也不允许建造公寓式房屋、公寓、酒店和马厩——同样的，不受欢迎的肤色和人种也被排除在这个小区之外。[13]

东侧是蓬勃发展的，它的人口在1906年超过西侧，到1916年是西侧的两倍。在1913年，具有改革意识的东侧选民改革了波特兰的委员会制度，将波特兰从一个有些腐败的市长委员会制度转变为新型的、进步的治理委员会制度，该制度需要通过严格选举。在波特兰和其他地方，这种转变破坏了本土民主社会主义，并使政府牢牢掌握在中产阶级手中。最近两个世纪以汽车行业为

图17　N·E·桑迪和57号(俄勒冈历史学会第81110号)。20世纪90年代，在东北桑迪大道和57街，正在建设有轨电车城市。投机性商业空间在桑迪大道沿街不断增加，而小型建筑商则以一次建几栋房屋的方式开始填充邻近的街区

基础的经济增长使得西侧欣斯代尔（Hinsdale）和伯灵格姆（Burlingame）等地增加了中等价位的山区社区。

这些地区的居民很容易像追求生活质量的自由主义者一样讽刺。在富裕的这几年，很容易出现矛盾—— 一个家庭中会同时出现高档宝马车和平价勃肯凉鞋，或炫耀着鲑鱼图案车牌的路虎（申领这种车牌的人每年交额外 19 美元用于保护和恢复鲑鱼种群数量）。但是在平房、复兴时期的房屋以及带有伞状悬垂屋檐的“旧波特兰”房屋中，通过社区、民间组织和地方政府，也存在一种公民参与文化。

这场公民行动主义的核心是一场“邻里革命”，这场革命始于 20 世纪 60 年代后期，当时许多社区为他们自

己的地方振兴争论不休。1971 年和 1972 年，积极的社区协会和规划委员会已经成了政治家和城市规划官员无法忽视的存在。事实上，要研究这场邻里革命是如何达到质变的，就不应仅关注某一个社会问题或单一的社区，而是要关注做为一个整体的社会运动。

这个运动在城市的各个部分有不同的起源。现在，波特兰人倾向于认为这个运动起源于第一个冲破市政厅建筑路障的抗议团体。事实上，邻里活动在东侧也有起源，该地区致力于申请联邦政府援助。东北社区协助规划和实施了一个模范城市计划（1966 ~ 1973 年），该计划挑战了根深蒂固的种族主义，并使许多官僚感到挫败。波特兰行动委员会与当地一家反贫困机构一起帮助组织波特兰东南部的六个社区参与社区行动计划（1967 ~ 1968 年）。“东南崛起”是二十世纪早期发展起来的东南地区设立的地方性模范城市标准。1972 ~ 1974 年，一群东南社区也率先阻止了建立所谓的胡德山高速公路，这条高速公路的长度为 5 英里，一旦建成将摧毁 1700 间房屋和公寓，并毁掉 6 个街区。

同年，一些中产阶级能言善辩的代表也加入了邻里运动，这些人在回收（甚至中产阶级化）位于市中心和西山区之间的古老社区。西北地区协会成立于 1969 年，旨在处理拟议的医院扩建计划。1970 ~ 1972 年，它与规划局合作制定了一项替代性计划，将西北部保留为维多利亚时期和后维多利亚时期房屋以及 20 世纪早期公寓的高

图 18　胡德山高速公路（波特兰市）。胡德山高速公路（Mount Hood Freeway）叠加在东南部波特兰的鸟瞰图上，从 I–50 公路一直到 I–205 公路，长度为 6 英里。在 20 世纪 70 年代早期，如果没有社区活动的阻碍，它将会把东南区和克利顿街之间的街区都夷为平地——这些街区现在包含了价格适中的住房、社区发展公司的修缮项目，还有甚至连波特兰人都认为是时髦的商业项目

密度住宅区。该区融合了学生、老人、第二代移民和年轻的专业人士，使其成为波特兰最具国际化的社区。山区公园协会于 1970 年组织成立，争取批准位于市中心城市更新区以南的莱尔山区（Lair Hill）社区；山区公园协会加入了科比特（Corbett）、特威格（Terwilliger）和莱尔山区（Lair Hill）社区，以制定他们自己的地区计划，目的是保

护古老的南波特兰和富尔顿（Fulton）的记忆碎片。

规划委员会和西北地区协会之间的合作是社区团体在城市决策中发挥正式作用的催化剂。市议会于 1974 年成立了邻里协会办公室，通过中央和地区办事处协助当地组织（另见第 3 章）。25 年以后，邻里协会仍然是当地问题的重要参与者。他们是独立机构，接收城市保障服务人员和通信基金。获得邻里协会正式认可有许多好处，最大好处是可以在局里和市议会讨论邻里影响问题（如分区变更、酒牌续费等）时保留一席之地。同时还可以为其他公民团体在市政厅提供便利。

公民民主整体上有所作为。在公民参与的平均水平上，特别是在委员会服务或与当地政府的直接联系等"强有力参与"的活动中，波特兰与其他城市相比排名较高。杰弗里·贝瑞（Jeffrey Berry）、肯特·伯特尼和肯·汤姆森在"城市民主的重生"（1993 年）中指出，波特兰通过各种咨询委员会、社区协会、社区规划工作以及与市政官员的直接联系，为公民参与提供了丰富的渠道。他们在 1988 ~ 1992 年间研究了关于毒品、犯罪和无家可归等一系列问题，发现波特兰官员通常根据民众偏好做出决定。基层参与增加了政治知识水平，增强了政府的应答能力。理想情况下，它提供了在官僚操纵和基层对抗之间的折中办法。[14]

这种高参与度的公民民主传统也体现在了社区规划方面，为规划局制定其多方邻里社区的规划带来了麻烦。规划局不仅向邻里协会通报了分区变更请求，而且 20 世纪七八十年代还与各个社区合作制定了地区规划和降低区划规模的提议，以保护居住环境。然而，20 世纪 90 年代，有限的预算迫使城市只能为其重要区域做出少而精的规划。而东南地区以外的工人阶级和西南地区的中产阶级并不想为了全市整体利益而放弃他们自身对邻里环境的期望。他们的反对也影响了市政府重建部分区域、增加住房数量的计划。

反过来，地区规划的困难是对现有社区密度增加的更大阻力。根据 2040 年的区域计划（见第 3 章），波特兰市已同意在下一代人口中接纳数以万计的新家庭。在区域计划摘要中提到的紧凑性增长听起来固然很好，但实际落实起来很快会带来一系列问题。抱怨的声音即使不会成为普遍现象，也会逐渐增多。社区居民会抱怨新建的公寓、成排的住宅和私人住宅中供屋主出租的附属房。他们会抱怨下降的租金、丧失的城市风格、阻塞不堪的交通。那些待开发的空地是对环境相当敏感的。

邻里宜居性是吸引许多活动家深入公民生活的关键因素，但还有许许多多的因素，涵盖了几乎所有人的诉求。有树木保护者和鲑鱼保护者、同性恋权利和城市野生动物的捍卫者、艺术倡导者、和平工作者、公共交通爱好者、街头青年和无家可归者的保卫者、艾滋病毒 / 艾滋病教育和妇女健康的倡导者。在 1997 年的选举中，环保主义者提出了一项措施草案，但并未获投票通过。该措施将限制人们沿溪流放牧以保护鱼类产卵场。草坪标志和保险杠贴纸出现在了进步的波特兰，环境价值观和社会进步主义相融合，进而产生了“保护鲑鱼的交配安全”（Safe Sex for Salmon）这类标语。

如前一段所示，进步的波特兰包括在政治上活跃的男女同性恋居民。女性书店和艺术画廊、女权主义组织以及欢迎女同性恋群体的酒吧和餐馆一直集中在东南社区。沿着东南霍索恩（Southeast Hawthorne）等街道出现日益增长的趋势，最近女同性恋社区的一部分转移到艾伯塔街等东北部的种族混杂地区。这一结果是，女同群体在经济适用型社区和中等价格的社区的存在感很低。

波特兰的进步众所周知，这吸引了大量的前和平队①志愿者。查尔斯·刘易斯（Charles Lewis）告诉记者,“这里为理想主义者提供了空间”，“人们可以变得积极主动，受益于良好的公共政策，并在人们的生活中产生好的影响。”波特兰吸引人的地方在于其政治开放，有“志同道合的人”的存在，以及草根阶层也有机会参与到环境和社区问题中来。[15]

进步家庭和社区的经济和社会问题与“X 世代”的生活方式问题相重叠。在老波特兰社区中交织的是我们所谓的“潮流”——www.alt.city。波特兰以“酷”著称，这在市中心北部边缘繁华的俱乐部和酒吧中，在霍索恩大道（Hawthorne Boulevard）东南部的任何一个晚上都可以感受到。芭芭拉·罗伯茨说她觉得自己好像太落伍了，已经不适合住在霍索恩区了。相比之下，30 多岁的《纽约时报》流行音乐作家、《奇怪的我们：波西米亚式的美国》(Weird Like Us：My Bohemian America)一书的作者安·鲍厄斯(Ann Powers)最近评论说，“我住在附近。看看这些人。我喜欢他们的风格。在这里我可以穿红色皮裤，戴白色太阳镜。”[16]

大批年轻人在 20 世纪 80 年代长期经济衰退时期离开了波特兰，因此波特兰在 20 世纪的最后 10 年成为 18 ~ 35 岁人口的热门城市。由于西雅图有些过于昂贵和花哨，波特兰已成为穷人的湾区，有着时髦的艺术场景、几间咖啡馆和小啤酒厂。《都市浪人》(Slacker)的导演理查德·林克莱特(Richard Linklater)在 1991 年称波特兰这座优秀的城市给了他电影灵感。10 年后，安·鲍尔斯将其称为新波西米亚的“主要前哨基地之一”，并指出“波特兰十分热门……纽约很多人都在谈论波特兰。”这里与奥斯汀和博尔德(Boulder)一样，也是包容的城镇，吸引着刚刚毕业的大学生。1999 年一位年轻人评论说，“我在菲尼克斯的朋友们都说他们也想搬到波特兰。我知道有很多时髦的年轻人想住在这里。”[17]

时髦与自然美的结合吸引了许多专业人士和艺术家。律师事务所想雇用一些刚刚毕业且头脑敏捷的毕业生很容易。音乐俱乐部、表演者、作家、动画师和漫画艺术家都有一个强大的另类艺术场景。布莱克·尼尔森的《流亡者》(Exile，1997 年)中流离失所的纽约诗人马克·韦斯特（Mark West）发现在波特兰很难买到海洛因，但对酒吧和俱乐部的环境却感到十分熟悉。[18] 来自《Plazm》杂志的乔恩·雷蒙德（Jon Raymond）最近评论说波特兰正在接收艺术家，并且门槛并不高。许多实验建筑和公共艺术、另类戏剧和表演艺术等更加前卫的艺术场景是那些选择在波特兰工作的新人的产物。他们或许能找到少许财政支持，找到一个尊重并帮助知识分子、不拘泥于“正确”与“错误”、具有文化性和创造性的环境。[19]

至于那些非高收入精英人士则在“咖啡师经济”时期过得很节俭。“咖啡师经济”是研究人员克里斯·埃尔特尔（Chris Ertel）所创名词，以那些在咖啡馆中制作拿铁、卡布奇诺而赚钱谋生的年轻人命名。[20]20 世纪 80 年代，波特兰的人均收入落后于全国平均水平，原因与该州范围内的经济衰退和木材产品行业有关。20 世纪 90 年代的经济复苏是由制造业、建筑业和专业工作所带动的，他们的良好薪酬水平支撑着波特兰的进步。但是，经济增长也增加了低薪服务人员的数量，比如调酒师、服务员和上文提到的咖啡师们，他们的存在使波特兰更有魅力，更加宜人。简而言之，波特兰的繁荣为那些在大学生活和职业生活之间徘徊的人以及那些想尝试不同职业的人创造了大量的就业机会。

这座年轻人的城市不是由单一利益团结在一起的。这种团结更多地借助于里德学院（Reed College），而独立式的波特兰大学（University of Portland）或波特兰州立大学（Portland State University）则出力较少。因为里德学院中包含了走读生和返校学习的成人。这里有环保人士、生态绝对论者，还有利用文字和视觉艺术倡导自然理念，以此削弱企业经济“逐利”文化氛围的环境艺术家。这里有自行车上班族和摩托车手。1999 年 3 月，《自行车》（*Bicycling*）杂志将波特兰评为美国最适合骑行的城市，在天气最好的日子里，成千上万的人会骑车进入市中心。小汽车和大篷车上有着异国情调彩绘和装饰，如雕塑醒目的文字、抽象表现主义的绘画等，带有嬉皮士时代的早期特征。《*Monk*》杂志的出版人很快就发现了这座城市的复古之处，他报道了咖啡馆和音乐俱乐部里的“嬉皮士 / 女权主义者 / 懒汉”现象。波特兰东南部一家夜总会的经理在描述她的客户时很好地总结了波特兰这座城市的另一面：“当我们刚开始经营的时候，我们的顾客有健康饮食倡导者、波希米亚人、男同性恋、女同性恋和当地的自行车手。”[21]

芭芭拉・罗伯茨所在街道的几个街区外，穿着时尚勃肯鞋的潮人和街头朋克马丁靴的爱好者融洽地相处在一起。建筑师马克・拉克曼（Mark Lakeman）于 1995 年帮助塞尔伍德社区的居民在一个空地上建立了一个临时的“T-Hows”②。这个可回收可移动的环保木屋存在了一年的时间，用做社区聚会的场所。共享广场（Share-it Square）[位于谢里特大街（Sherrett Street）东南侧和第九大道] 紧随其后，这是一个街道交汇处的临时露天广场，用来交换农产品和家居用品。人们对此评论不一，但附近的每个人都对公共空间有一些看法。2000年1月，市议会通过了《十字路口修缮条例》(Intersection Repair Ordinance)，在两个街区内80%的居民同意的前提下，允许开发能够促进社区互动的十字路口。

拉克曼的城市维修计划推出后，又推出了流动茶馆，将波特兰公园作为临时的聚会场所。沿袭了“T-Hows”这一名字的“T-Horse”(读音相似)将受众目标定为普通大众。Teen-Pony是一个定制的卡车，带有可伸展的20英尺帐篷翼，成为无家可归和边缘青少年的聚会场所。城市维修计划的目标是“将重要的交流和参与场所归还给我们的社区。”[22]拉克曼将自己的作品视为公民活动的精神续作，这些公民活动在20世纪70年代创建了海滨公园(Waterfront Park)，在80年代开创了先锋法院广场(Pioneer Courthouse Square)——他的父亲、建筑师理查德·拉克曼为这些项目做出了贡献。其目的是为集会、庆祝、政治等市民生活创造空间：这些项目包含着这样的价值导向，那市民对话有着最典型的进步价值——人们相信，越多人进行越多的交流，就会越有帮助。

阿尔比纳社区发展

在20世纪五六十年代的黑暗时期，《俄勒冈人》的城市办公桌上有所谓的“阿尔比纳故事”。波特兰北部和东北部的一大片地区发生的犯罪或混乱报道确定发生在阿

图 19　1905 年的阿尔比纳（俄勒冈历史学会第 54268 号）。普通的住宅和教堂尖顶是北波特兰移民社区的特色。这张 1905 年的照片展示了如今艾略特社区罗素大街和威廉姆斯大街的拐角处

尔比纳，阿尔比纳最初是 1891 年与波特兰合并的独立工业郊区的名称，到了 20 世纪 40 年代，“阿尔比纳”已成为波特兰一个街区的简称。在这个街区里，房地产市场正在对非洲裔美国人施加压力。尽管其投票方式和政治偏好有时让阿尔比纳看起来像是进步的波特兰的一部分，但种族作为美国一条重要的分界线将阿尔比纳定义为一种独特的社会生态。

要想了解这个地区，我们可以参考哥伦比亚度假庄园（Columbia Villa）[③]，这是一个城市建造者们从未想过要建造的社区。波特兰人对 1937 年的联邦住房法案（Federal Housing Act）做出了回应，该法案提出授权建立地方房屋委员会，建立低租金公共住房，因此在 1938 年，波特兰人以 2 比 1 的投票反对建立房屋委员会。一个市议员曾将公共住房法案称为“纯粹的共产主义”。[23]

图20 《哥伦比亚度假庄园的自行车少年》，1995年（巴里·皮尔里）。巴里·皮尔里为俄勒冈人文理事会赞助的展览制作了一系列哥伦比亚别墅区居民的照片。这些“自行车少年”展现了这个社区的“郊区”性格。该社区包含多个种族群体，与成人时期相比，这些群体的青少年们能彼此更好地接纳融合

国防合约的拓展和珍珠港袭击，使建造经济适用型公共住房的行为从共产主义变为了爱国主义。市议会于1941年12月11日为波特兰房屋管理局授权。1942年年初，房屋管理局在波特兰北部的哥伦比亚度假庄园破土动工。与同一时代的许多住房项目一样，该项目的建筑为单层的双拼屋和四拼屋，共计478个单元。坐落在弯曲的街道上，茂盛的草坪赋予了它花园公寓般的外观。在最初的20年里，哥伦比亚度假庄园安置了战争工作者，退伍军人和工薪阶层家庭。格拉迪斯·麦考伊（Gladys McCoy）是第一位在蒙诺玛县委员会任职的非洲裔美国人，他回忆道“我们的婚姻始于哥伦比亚度假庄园……我们都结婚了，都有家人……我们很穷但仍然心怀梦想。”[24]

哥伦比亚度假庄园和邻近的塔玛拉克（Tamarack）公寓（建于1967年）在20世纪70年代开始走下坡路，这里开始选择性准入，居民生活水平持续性贫困，并出现了毒品交易蔓延的现象。肯特·安德森（Kent Anderson）的小说《夜犬》（*Night Dogs*）描写了20世纪70年代波特兰警察的工作，这篇小说开场描写道，“那个孩子在加油站的卫生间里服药过量……针还在他的手臂里，针里一半是白海洛因。这些海洛因从东南亚，穿过不列颠哥伦比亚省温哥华，沿着高速公路流入。”[25]哥伦比亚度假庄园在20世纪80年代跌入谷底。许多单亲家庭长期处于贫困状态。吸食可卡因的瘾君子和流氓使街道和草坪变得不安全。这里看起来并不像卡布里尼绿色家园（Carbrini-Green）这个区域那么糟，但也与其面临着相同的问题：对生活失去希望的人们居住在死气沉沉的环境里。

1988年经济开始复苏。包括格拉迪斯·麦科伊在内的一些民间领袖决定把将哥伦比亚度假庄园改造成一个微型模范城市项目。县治安部门开始加强巡逻社区治安，并在现场设立了一个办公室。卫生部门和总部提供了现场项目。房屋委员会和学区指派了社会工作者，他们帮助建立了一个居民委员会，负责维护和徒步巡逻工作。到了1993～1994年，当我通过俄勒冈州人文学科项目了解到崭新的哥伦比亚度假庄园时，其声誉和现实都发生了变化。1994年一位居民说，"当地居民已经决定不会再纵容它'犯罪'，"现在"我会很高兴地邀请我的孩子甚至孙子辈去野餐。"毕竟，她补充道，"我们不是傻瓜，只是穷人。"[26]

哥伦比亚度假庄园的案例为我们提供了几个主题，用以了解少数民族群体和低收入人群的历史和未来。首先，波特兰的贫困是多种族的。哥伦比亚度假庄园的人口中黑人占40%，白人占40%，西班牙裔占10%，俄罗斯和乌克兰移民占10%。面积较大的阿尔比纳同样是黑人、拉美裔、美洲原住民，新移民和白人的家园。其次，波特兰的社会和经济劣势处于可控规模下。第三，可控的规模意味着在社区范围内实行预防犯罪和改善经济的方法是可行的，正如哥伦比亚度假庄园在改造中所实行的那样。

小规模的黑人人口是保持波特兰进步的明显优势。由于人口变化缓慢，很少有社区受到大规模种族变化的冲击，这种变化助长了芝加哥或底特律的一代种族冲突。即使在20世纪90年代，黑人面孔在市中心和东北街区之外并不常见。波特兰黑人固然面临贫困问题，但波特兰的贫困人口中还是白人占多数。

当整个城市和地区在本质上是一个种族时更容易达成共识，这是一个令人不快的事实。大多数波特兰社区可以与市政厅和城郊的波特兰社区相处融洽，不必担心种族问题。由于各种各样的原因，波特兰白人仍然选择郊区住宅，但种族差异在他们当中并不突出。白人和地方主义是很好的盟友。

少数族裔的不利之处是白人种族主义，由于白人种族主义很少遇到反对意见，有时会无意识地出现。都市区外围的许多白人居民可能多年都没有遇到过非洲裔美国人，这种现象在亚特兰大或华盛顿特区是闻所未闻的。这种白人孤立支持了一种出于本能反应的种族主义，它基于全国性的媒体和报纸的犯罪报道，而非个人经历。即便是像市长巴德·克拉克（Bud Clark）（1985 ~ 1992年）这样的社会自由主义领导人，也会因为一句随口说出的话而陷入麻烦。他说，如果他被晒黑了，他可能会更好地理解黑人问题——纽约或巴尔的摩的政客在说这话之前会出于本能地仔细考虑。

就像波特兰的领导人把将哥伦比亚度假庄园的地址选在远离城市高档社区处一样，自19世纪末以来，移民和少数民族不得不在精英和中产阶级舍弃的地区安家。其结果是，这些地区中定居了一群欧洲移民（1880 ~ 1940年）、非裔美国人（1930 年），以及来自亚洲和拉丁美洲的新移民。

在 20 世纪早期，波特兰中央商务区周围的新月形低地，连同东北部的社区，居住着大批波特兰少数民族和在国外出生的人。这些是波特兰最接近东部城市的大型民族社区。尽管 21 世纪初，没有任何一个街区居住着单一的欧洲族群，但是德国人居住在古斯霍鲁（Goose Hollow），爱尔兰人、斯拉夫人居住在波特兰西北部的斯拉波城（Slabtown），斯堪的那维亚人居住在西北内陆，芬兰人和波兰人定居在波特兰北部，德裔俄罗斯人居住在东北部的萨宾区（Sabin district），意大利人居住在布鲁克林附近的南太平洋铁路码头。

最让人印象深刻的移民社区之一是南波特兰，其中一小部分在城市重建和高速公路建设中得以保留，成为波特兰州立大学校园东南方向的莱尔山历史街区（Lair Hill Historic District）。从 19 世纪 90 年代到 20 世纪 40 年代，河流与南方公园街区之间、克莱街（Clay Street）以南的地区是一个移民社区。它的两个支柱是费林学校（Failing School）和沙特克学校（Shattuck School），它们是通向新世界成功的大门。住房是公寓和小型“工人宿舍”的混合体。意大利裔美国人聚集在河边的街区，游客可以在那里看到意大利人的后代、克里斯托弗科伦坡社区（Christoforo Columbo Society）、圣迈克尔教堂（St. Michael's Church）和意大利语的电影。波兰和俄罗斯的犹太移民主要集中在第四大道和百老汇大道之间的几个街区，来自邻里之家的社会服务人员为这些移民提供服务。

第二次世界大战及其造船厂的工作增加了种族多样性。波特兰的非裔美国人突然从 2000 人增加至 15000 人。每周《观察家报》(*People's Observer*）记录了城市公交车上的种族事件、警察的骚扰、与种族隔离协会的冲突以及种族隔离计划：USO。住房是造成种族矛盾的关键因素。造船厂白人工人抱怨与黑人共用宿舍。社区团体对他们地区的每一个关于新黑人居民的传闻都表示强烈的抗议。前城市委员会委员 J・E・班奈特（J. E. Bennett）建议凯撒公司（Kaiser）停止雇用黑人员工。市长厄尔・赖利（Earl Riley）私下表示移民威胁到了波特兰"正常的生活方式"。[27]

房地产业已经建立了种族关系的社区框架。在第一次世界大战前，波特兰 1000 名黑人中大部分都居住在伯恩赛德（Burnside）北部的市中心边缘，他们可以轻松进入酒店和铁路工作。20 世纪 30 年代，房地产咨询委员会为新销售人员提供的培训材料明确规定，阿尔比纳是非裔美国人的居住区域。如果经纪人违反了种族隔离的准则，将白人社区的房子卖给少数族裔，他们可能会被吊销执照。到 1940 年，波特兰的 2000 名非裔美国人中有一半以上住在阿尔比纳区，其他人分散在其他老旧社区。到了下一代，黑人社区的中心向北移动了1英里左右，从1940年的威廉姆斯大道（Williams Avenue）和百老汇，移动到20世纪80年代的马丁·路德·金大道（Martin Luther King，Jr. Boulevard）和斯基德莫尔街（Skidmore Street），黑人取代了来自波罗的海国家（瑞典、丹麦、芬兰、波兰）的移民。这一过程始于20世纪50年代大剧场土地清理，一直持续到20世纪60年代的1-5号建筑修建和20世纪70年代阿尔比纳历史中心伊曼纽尔医院（Emanuel Hospital）重建。

我们可以从遗留下来的公共建筑和教堂中追踪波特兰少数族裔社区的位置和变动。波特兰西北部的圣帕特里克教堂（St. Patrick's Church）建于1891年，为处于世纪之交的爱尔兰工人阶级、20世纪二三十年代的克罗地亚人以及现在讲西班牙语的波特兰人提供服务。老芬兰社区大厅附近是圣·斯坦尼斯劳斯教堂（St.Stanislaus Church），那里聚集了大批波兰天主教徒。许多波特兰东北部的教堂从一个民族传向了另一个民族。自由福音教派的德国教会（1904年）取得了一个有着标志性“洋葱头”的东亚教堂使用权，并在1930年成为圣尼古拉斯的俄罗斯－希腊正教，随后这个教堂又传给了非裔美国人使用。诺斯克－丹斯克卫理公会圣公会教堂现在被一个A·M·E·锡安教堂使用，在旧教堂旁边有一个新的奠基石。

波特兰没有像芝加哥南部或纽约的贝德福德－斯图文

森特（Bedford-Stuyvesant）那样几乎完全的种族隔离区。核心社区的种族密度自1970年以来几乎没有变化。根据1996年美国社区调查的最新数据显示，种族隔离程度最高的人口普查区分别有69%和70%的非裔美国人；另外四个区域有超过50%的非裔美国人。这些以非裔美国人为主的土地都位于东北部的国王区（Northeast King）。总的来说，居住在这里的10250名非裔美国人仅占大都市地区所有非裔美国人的四分之一。简而言之，波特兰地区近四分之三的非洲裔美国人都是他们所处环境中的少数群体，不论是他们所处的社区还是整个波特兰的都市区。

直到最近20年，郊区住房市场才对非裔美国家庭开放。郊区化在20世纪70年代逐步明显，并在20世纪80年代继续以缓慢的速度进行。20世纪80年代，克拉克默斯县的新黑人居民数量约为400人，与前10年的数字相同。华盛顿县的情况也是如此，20世纪70年代增加了900人，80年代增加了1000人。有关房屋价值和住房拥有率的数据表明，这些住在郊区的非裔美国人属于成功的中产阶级，他们的社会地位与他们的白人邻居一样。

尽管有这些经济成功的迹象，20世纪80年代对波特兰东北偏北的非裔美国人社区来说却是糟糕的一年。全州经济衰退意味着高失业率。主流银行心照不宣的贷款歧视行为导致投资者的离去，近2000家门店人去楼空。与底特律或费城北部的大规模商店倒闭相比，这一数字显得很小，但对波特兰这座城市来说却显得很大。警察对黑人群体的敌视也加深了黑人和白人之间的裂痕。1981 年，两名军官在一家黑人企业面前投掷了四只死负鼠；许多波特兰白人很难理解为什么这些“恶作剧”会激怒非裔美国人。1985 年，一名被扣留的黑人因警察的锁颈固定法而死，这引起了社会的一片哗然，两个官员印制了绘有冒烟手枪的 T 恤，上面印着标语“别对他们锁喉，直接开枪就好”④。

像美国各地一样，毒品交易破坏了社区的稳定性。哥伦比亚度假庄园的危机在其他街区重演。血帮和瘸子帮从加利福尼亚州来到这里，建立了一个个可卡因毒品站，制造了多起飞车杀人案，并开发和控制了非法毒品市场。1987 年，第一次黑帮式的“飞车射击”震惊了整个社区，人们感到不安，他们曾认为这种事不会发生在这里。

与此同时，波特兰白人害怕黑人社区带来的危险，这些黑人因为新纳粹分子和光头党而远离了波特兰东南部的大部分地区，1988 年 11 月，埃塞俄比亚移民穆卢盖塔·塞绕（Mulugeta Seraw）因黑人而丧命。新闻记者埃莉诺·兰格（Elinor Langer）为《民族报》（*The Nation*）撰稿，指出种族分歧双方都承受着“个人种族不适的极度痛苦”。对于年轻的光头党来说，与黑人帮派和武断的黑人青年共同生活在一个城市里是危险的，因为他们使人感到非常不安。兰格在 1990 年写道：“在这代人的一生中，波特兰已经从一个非正式的隔离城市变成一个开放的城市，由此产生的结果是不同种族的青少年偶有冲突，并因此出现了一些成年人较少涉足的地点。这会使人产生反感，认为该城市占主导地位的自由派政治体系很难得到民众的认同。”[28]

20 世纪 80 年代的危机引发了执法的重组。哥伦比亚度假庄园作为一种正面的考验，波特兰市议会和警察局接受了社区警务。警察局长汤姆·波特（Tom Potter）（1990 ~ 1993 年）和查尔斯·穆斯（Charles Moose）（1993 ~ 1999 年）努力在队伍中传播社区伙伴关系的理念。警察与社区之间的关系远远好于 20 世纪 80 年代。警察与社区协会合作，社区警务现在与社区检察官协作，检察官可以灵活地制定针对毒品等问题的执法战略。

统计分析和与其他城市的对比提供了对波特兰黑人的正面评价和负面评价。 大都市区的黑白种族隔离水平接近全国平均水平。城市分析师大卫·拉斯克（David Rusk）编制的数据显示，只有一半以上的贫困黑人生活在中高等贫困的人口普查区（20%的人口生活在贫困中）；四分之三的这一数字更为常见。只有四分之一的波特兰黑人贫困人口生活在高度贫困地区（超过 40%的人口生活在贫困中）。波特兰有一个贫民区生活着收入水平极低的黑人群体，但他规模不大。黑人家庭结构也比许多大城市更稳定，1990 年每 100 名黑人单身母亲就对应 93 对有孩子的已婚黑人夫妇（在极少数大城市地区，夫妻人数高于单身母亲的数量）。这两个方面的情况都与塔拉哈西（Tallahassee）和夏洛特（Charlotte）这样的精英城市类似。[29]

社区在犯罪控制方面的合作与蓬勃发展的地区住房市场相结合，吸引白人重新投资于先前被忽视和贫困的社区。由于这类社区的种族混合特征，人们认为社区内的非白人种族也有着相同程度的中产阶级化水平。黑人中产阶级受益于繁荣的经济，他们将高水平的房屋所有权转化为财富。越来越多的人正在重新发现这座城市的一些地方，这些地方在20世纪七八十年代被大多数人遗忘。在东北阿尔伯塔街（Northeast Alberta Street），再投资者包括职业篮球明星特雷尔·布兰登（Terrell Brandon）（他是波特兰本地人，但不是波特兰球员）、两家社区开发公司，以及越来越多寻找价格合理土地的白人艺术家和画廊老板。马丁·路德·金大道（Martin Luther King，Jr. Boulevard）是20世纪80年代妓女的主要聚集地，但现在是阿迪达斯、耐克和开拓者（Trail Blazers）等专业体育企业进行具有重要象征意义的投资地点。

如果说20世纪90年代带来了更积极的公共政策，那么原因并不在于传统的政治影响力。由于黑人人口较少，波特兰黑人不可能通过选举获得对城市的控制权；在这个城市的未来中，没有理查德·哈彻（Richard Hatcher）、科尔曼·扬（Coleman Young）或梅纳德·杰克逊（Maynard Jackson）。相反，波特兰努力实现其作为精英统治的进步精神。精英统治崇尚强劲的个人实力，这点在政府部门和教育领域表现得尤为突出。非洲裔美国人担任市长的可能性在未来是合理的，但选民更容易受到管理资历的左右，而不是种族的影响。1999年，非裔美国人指挥了俄勒冈州交响乐团，当选了波特兰州立大学主席，并领导了城市学校系统、公园部门和警察局。黑人在公共委员会中有很好的代表。1992年，城市俱乐部对波特兰或蒙诺玛县的40个咨询委员会和决策委员会进行了分析，发现其中12%的成员是非裔美国人，是全县黑人人口比例的两倍。当然，在人口基数如此小的情况下，很难区分这种情况是按比例代表制选举而产生的，还是单纯为了象征性地选出几个黑人代表。

少数人意味着波特兰的非裔美国人必须在白人主导的政治体系中追求公共目标。这个选择是重新审视冈纳·米达尔（Gunnar Myrdal）的经典之作《美国困境》（*The American Dilemma*）中的条款，并通过强调创业精神和教育来呼吁美国信条的基本价值观。因此，关于学校一体化的争论围绕着教育质量和结果，而不是社区控制的问题。20世纪70年代，为避免法院条款中要求的校车接送产生种族隔离情况，市中心的许多黑人社区学校取消了中学课程，将黑人学生分散到白人社区的中学中去。学校董事会在艺术、商业、语言等专业设立磁石计划[⑤]，用以促进高中阶段的种族融合。活动人士罗恩·赫恩登（Ron Herndon）和黑人联合阵线（Black United Front）在1980年和1981年发起的抗议活动（黑人学生为期一天的抵制活动，扰乱了学校董事会会议）使得阿尔比纳一所新中学得以成立，更重要的是围绕平等评价不同种族学生的表现展开了辩论。

能否取得良好的个人成就仍然是黑人社区政治的核心。尽管自20世纪80年代以来，小学的种族隔离程度略有提高，但人们的要求仍然集中在学校系统对提高成绩的责任上——现在俄勒冈州的学校政策强调基准测试以评估学生的成绩，因此很容易衡量。波特兰学校的非裔美国人通常会在数学和阅读方面落后于白人学生一年或一年以上，而拉丁裔学生则落后两年。最近的数据让赫恩登从“退休”的状态中走了出来（也就是说，赫恩登会担任阿尔比纳启蒙教育中心的主任和美国国家启蒙教育协会的主席）。活动人士和家长组成的危机小组在1999年和2000年确定了一份需要立即整顿的不合格的学校名单，并在学校董事会会议上组织了新一轮抗议活动。目标与18世纪和19世纪自由主义革命的目标相同，即，拥有平等的机会追求与个人才能相称的生活和事业。

硅谷郊区

格雷舍姆市市长格西·麦克罗伯特（Gussie McRobert）一行人乘车穿行过波特兰最大的郊区，与她同行的还有《无处的地理》（the Geography of Nowhere）的作者詹姆斯·霍华德·昆斯特（James Howard Kunstler）此人以笔法辛辣闻名。如果我们的目标是为随行记者激发一些灵感，那么早上的巴士之旅成功实现了这一目标。麦克罗伯特描述了一个社区规划和视觉化的过程，在这个过程中，城市东部的居民表达了对高效发展和一个真正城市中心的明显偏好。她指了指轻轨沿线的公寓和一个重要的市中心，那里有新的商店、图书馆和城市办公室。昆斯特勒承认了格雷舍姆在 20 世纪 90 年代从一个不知名的城市到在国内取得一席之地这一过程中所做出的努力，但他也以“汽车贫民窟”和与美国任何郊区一模一样的条状开发项目作为回击。《俄勒冈人报》(The Oregonian) 报道，“当麦克罗伯特描述美商巨积 (LSI Logic) 和日本富士通 (Fujitsu) 之间狭小的格雷舍姆“高科技”走廊时，他耐心地听着，但当他发表评论时，却是在谈论欧洲公园的优越性。” [30]

麦克罗伯特无疑是正确的。她是典型的波特兰进步主义者，曾作为市长、州委员会成员和宜居俄勒冈组织（一个倡导城市“精明增长”组织）的主席为聚居区和公民社区工作。她帮助领导她的社区和区域朝着区域计划所设想的紧凑发展方向前进。1999 年 10 月，格雷舍姆的“市民社区”(Civic Neighborhood) 破土动工，证明了她的远见卓识。这片 80 英亩的土地原本被规划为一个区域性购物中心，现在已经重新铺设了街道网格，重新划分为住宅、办公室和面向街道的商店。该地区毗邻格雷舍姆市中心并配有第一条轻轨，将帮助格雷舍姆成为东部蒙诺玛县的区域中心。

但昆斯特勒也是正确的。他甚至肯定了麦克罗伯特和其他地区领导人的工作（“格雷舍姆比美国任何一个城市做得都好”），他也在书中提到了他所批评的一般郊区景观（“但他们需要做得更好”）。[31] 格雷舍姆在浆果田、购物中心地带和汽车经销商走廊都设有新的超市，这条走廊从轻轨停靠的地方开始。克拉克县、克拉克默斯县和华盛顿县的许多地方看起来都一样。偶尔会有一家带拿铁吧台的大盒子书店，但这并不能抵消三家超级区域性购物中心的影响。

简而言之，许多“硅谷郊区”与普通的美国郊区没有什么区别。波特兰郊区人口众多（占 PMSA 的 65%），工作机会众多（占 PMSA 的 45%），还有大量标准的战后城市景观。离开市中心的标准建筑工地和公寓区，转而投向拥挤的郊区高速公路沿线地区。大型零售卖场、桥梁建筑公司和景观公司都在争夺黄金地段。一英里一英里地演变，华盛顿和克拉克默斯县的大部分地区看起来就像丹佛或代顿的郊区，有花园公寓、20 世纪 60 年代的错层式住宅、购物中心和 90 年代的仿城堡建筑。

我把这些地区称为“硅谷郊区”，是因为电子工业推动了它们近期在波特兰周边县和社区的增长。所谓的“硅林”是创业机遇和创业地点的产物。从 20 世纪 50 年代到 70 年代，这个行业的核心是泰克公司（Tektronix），它是一家本土的示波器和其他测量设备的制造商，同时还有几家附属公司。一位密切关注该行业的人士表示，泰克

“拥有该领域最好的专家”。这就好比一所大学，对企业家来说，这是一所很棒的毕业学校。[32]

1976 年英特尔选择波特兰作为一个主要分厂时，情况发生了变化。其中一个吸引因素是泰克公司培训的工人，另一个吸引因素是这里距离圣何塞（San Jose）只有两小时车程。1979 年，惠普紧随其后，1980 年，Wacker Siltronics 公司紧随其后，20 世纪 80 年代末和 90 年代的两波日本公司——SEH、夏普、富士通、爱普生（Epson）、NEC 紧随建厂，部分原因是该城市与东京密切而畅通的空中交通运输合作。虽然并非所有的设施都将建成，但在 1996 ~ 1997 年，外部电子公司宣布了在波特兰大都会投资 100 亿美元的计划。该地区的专长是半导体和显示技术。截至 1997 年，47000 个制造业岗位和 14000 个软件岗位分布在这个大都市的西部，那里的芯片工厂和软件公司从希尔斯伯勒（Hillsboro）到威尔逊维尔（Wilsonville）形成一个弧形，紧靠美国 26、俄勒冈 17 和 I-5 公路。其次是克拉克县，有 5000 名工人在两座大型工厂工作，再次是格雷舍姆和波特兰，拥有一座大型晶圆厂和一群市中心的软件写手。[33]

向西部郊区的倾斜与 20 世纪初的以有轨电车郊区开始的向东扩张形成了鲜明对比。第二次世界大战后，郊区发展的主要目标是东部波特兰和蒙诺玛县，该地区的第一条高速公路从特劳特代尔（Troutdale）缓缓驶入该市。在哥伦比亚河洪泛区和约翰逊河之间，建筑者沿着通往格雷舍姆地势较高、可塑性好的楔形土地前行。20世纪四五十年代，超过城市发展极限的东部蒙诺玛县增加了8万居民。

这些新建社区正符合当时流行的“通勤郊区”[⑥]的定义。1960年，64%的工人每天往返于波特兰，1970年人数占比为55%。从中心城市直接搬到东部蒙诺玛县的居民比例是其他都市区县的两倍。20世纪60年代初，标志着波特兰城市界限的标记界定了政治界限，而非社会界限。

公路建设对边界进行了由东向西的划分。1960年的日落高速公路（美国第26号高速公路）和1963年的I-5高速公路遵循了罗伯特·摩西在1944年提出的建议，即，在西山区建立高速、高容量的公路。217号公路于1965年连接了这两条高速公路，正好为高科技产业服务。20世纪60年代，华盛顿和克拉克默斯县开始超过蒙诺玛县。华盛顿县在大都市人口中所占的比例从11%跃升至19%，克拉克默斯县所占比例从14%升至20%。波特兰和格雷舍姆之间的新社区建于20世纪四五十年代，缘起于美国人重新回到了富裕的生活。许多单层的小房子挤进了时不时缺少人行道、路灯或污水管道的社区。华盛顿县的许多郊区街道和房屋都是在20世纪60年代和70年代初的繁荣高潮时期修建的。1970年，华盛顿县的普通住宅比蒙诺玛县的普通住宅更大、更新，设备也更好，而且价格高出30%。20世纪70年代、80年代和90年代加强了西面对新住宅和写字楼开发的主导地位。人口数据显示，在

20 世纪 90 年代之前，华盛顿县的人口数量一直超过所有附近的大都市，但在 20 世纪 90 年代之后，克拉克县的人口数量激增至第一（表 3）。

华盛顿县的工业发展进一步推动了郊区的成熟化，创造了一个现代版的 19 世纪公司社区，工人们聚集在那里，以便离新的工作岗位更近。1990 年，近 61% 的华盛顿县居民在这个县工作，而非通勤到中心城市或其他边远就业中心（在克拉克默斯县，这一比例仅为 46%）。

1970~2000 年县人口增长率（百分比）　　表 3

县	1970 ~ 1980 年	1980 ~ 1990 年	1990 ~ 2000 年
克拉克默斯	46	15	19
克拉克	50	24	45
哥伦比亚	24	5	15
蒙诺玛	1	4	12
华盛顿	56	27	39
亚姆希尔	38	18	28

依赖日韩经理人和投资者的公司，帮助提升了工业化日落走廊的种族多样性和移民数量。华盛顿县——尤其是比弗顿地区——拥有 19 世纪移民社区的现代版本。外国出生的技术人员和工程师是高科技劳动力的重要组成部分。东亚移民也是如此，他们在硅林芯片工厂工作。20 世纪 80 年代，这个县的亚裔人口从 5000 增长到 14000。华盛顿县内部现在是韩国人、越南人以及其他亚裔美国商

业和机构的重要聚集地。

新老亚裔美国人提供了新旧社区的对比。在波特兰有长时间任期的团体在其旧时的市中心海滨社区维持着社区机构：翻新的19世纪建筑中的华人慈善协会与古老日本小镇的中心自带历史博物馆的日美协会。大多数韩国教堂、企业和组织都集中在比弗顿和周边地区。比弗顿的一家泛亚洲超市已经取代了大多数古老的民族食品商店。在一个周六的早晨，这里有一些类似新加坡的多民族的喧嚣。

尽管华盛顿县明显倾向于复制加利福尼亚州的圣克拉拉县（Santa Clara County），但它尚未成为一个宣布从波特兰独立的“边缘城市”⑦。中心城市仍然是重要的商业、专业和医疗服务的所在地。华盛顿县也没有任何重要的城市公共设施——体育综合设施、会议中心、机场、港口、综合大学、地标式品牌旗舰博物馆、主要的娱乐景点。多核型城市的专家只能识别出一个“边缘城市”（乔尔·加罗（Joel Garreau）的术语，用于比弗顿－泰格德－图拉丁三角）或“郊区活动中心”（罗伯特·切尔韦罗（Robert Cervero）的术语，用于从泰格德到威尔逊维尔的I-5走廊）。[34] 即使这些例子充其量也只是不完整的例子。相反，通过辐射式公路系统和发展中的辐射式铁路系统，大都市区域的外环仍然与核心区域紧密相连。

硅谷郊区是大都会区最小的“俄勒冈”部分。10家最大的电子公司中只有四家在当地被管控。高科技的增长现在有了自己的驱动力。它驱动着工作者和公共服务的需求（2000 年 7 月，英特尔宣布计划在希尔斯伯勒区域增加 6000 个工作岗位），这也是制造业岗位在波特兰从 1990 年到 1997 年每年增长 2.5% 的原因，而美国所有大城市的制造业岗位每年减少 0.4%。许多新工作所需的高等教育水平扩大了与旧经济的差距。总的来说，郊区工业总体上更接近于得克萨斯州的奥斯汀，而不是传统的俄勒冈社区。

都市边境之地：城市中的乡村

1990 年 4 月的一个工作日早晨，数百辆伐木卡车聚集在波特兰市中心。这些卡车经常出现在大都市边缘的砾石山路上，或者在通往出口码头的路上沿着高速公路呼啸而过。巨大的钻机伴随着刺耳的喇叭声和发动机的隆隆声在先锋法院广场周围的街区上空盘旋。卡车司机们满怀怒火，由于西点林鸮被认定为濒危物种，政府限制了对林木的采伐。他们带着抗议来到了他们认定的敌人据点，波特兰的环保主义者支持濒危物种法案（Endangered Species Act），而这种支持有时甚至显得他们比起工薪家庭的生活诉求来说更关注鸟类的生存。

当进步的波特兰居民谈论“城市中的乡村”时，他们想到的是湿地、开阔的田野、筑巢地和树木繁茂的野生动物走廊。但是，这个短语还有另一层含义，这一层含义可以与前文中那些垂头丧气的伐木者联系起来。广阔的县界将都市区扩展到数英里的农场和大片的商业林地。他们深入胡德山国家森林，触摸苏斯劳和吉福德・品乔特国家森林。旧西部的这些地区是大都市中的乡村。这些城镇和后面的几英亩土地上居住着一些人，他们将自然环境视为就业机会、私人财产和个人使用的公共用地。一些社区保留了他们的传统特色，其他的则被城市化吞噬和改造。所有这些城市都在某种程度上与硅谷郊区和进步的城市社区不自在地共存。从山麓小镇的角度来看，波特兰用办公室的文书工作取代了实打实的体力工作。长久以来，它一直像一个剥削者，用都市明亮的灯火吸引着小镇里的年轻劳动力。它也是个对小镇居民来说危险的地方，有着令他们感到不知所措的规模和社会多样性。

这些都是边缘景观。它们位于郊区和无人居住的森林之间的都市边缘地带。古老的林业和磨坊镇对都市经济的影响也越来越小。农场城镇在保留原有经济功能方面更为成功，但随着波特兰城市增长边界和农业绿地的跨越，它们越来越多地被城郊增长所吞没和改变。这些不一定是贫穷的社区，但长期以来，居民也不能完全共享大城市的繁荣。城市分析师迈伦・奥菲尔德（Myron Orfield）将波特兰郊区划分为高房价和低房价的区域。在大多数都会区，低房产价值的郊区是毗邻老旧的中心城市的老旧社区。与此形成对比的是波特兰，它们大多位于农场森林边缘地带：华盛顿县的福里斯特格罗夫（Forest Grove）、科尼利厄斯（Cornelius）、班克斯（Banks）、北平原（North Plains）、加斯顿（Gaston）。克拉克默斯县的坎比（Canby）、莫拉拉（Molalla）、埃斯塔卡达（Estacada）、桑迪（Sandy）。[35] 奥菲尔德没有拓展他对哥伦比亚以北的分析，但 1990 年克拉克县的教育水平较低，人均收入较低，专业人员和管理人员的就业比例低于华盛顿、克拉克默斯或蒙诺玛县。

1994 年，记者苏珊·奥尔琳（Susan Orlean）试图在其文章中捕捉到波特兰蓝领工人所在山区的特征。该记者为 20 世纪 80 年代发行的另类波特兰周刊《威拉米特周报》（*Willamette Week*）供稿。在一篇关于因不当竞争而臭名昭著的滑冰运动员托尼娅·哈丁（Tonya Harding）的文章中，她描述了克拉克默斯县的贫瘠山区。这里距离该县的另外两个有高档社区的市郊城镇——奥斯威戈湖市（Lake Oswego）和西林恩（West Linn）不到 10 英里，但彼此间有着巨大的文化差异。

波特兰是俄勒冈州最大的城市，但对托尼娅、杰夫和肖恩这样的人来说，他们与这座大城市并没有太大的关系。他们居住在克拉克默斯县和东蒙诺玛县，很少离开自己的家乡。新闻报道中说托尼娅来自波特兰，这样的说法忽略了托尼娅家乡和波特兰在地理和社会学角度的区别。克拉克默斯县的发源始于大平原地带，但它并未从波特兰和西雅图这样的大城市中获取发展，而是投向了阿拉斯加——这片气候严峻、荒草丛生的地方。阿拉斯加人在这种环境中生存，并随时准备着舍弃他们为数不多的积累抽身离去。对克拉克默斯县来说，景色荒凉，地形崎岖、难以开垦的阿拉斯加，像是其附属地，而波特兰则像离其百万英里那么遥远。许多俄勒冈人常去阿拉斯加，而非波特兰。他们去获取更多土地，或是为了挣笔快钱而在鱼罐头工厂或伐木行业工作一整个夏天。在克拉克默斯县，有育空⑧酒馆也有克朗代克⑨珠宝店。在邻近的旧货店，你能买到印有哈士奇、石油钻井、爱斯基摩人等阿拉斯加风情图案的旧桌布，还能找到印有阿拉斯加风景的明信片、罐头厂工人和伐木工的照片。而这些明信片照片背面的信息都是原主人写给他们住在克拉克默斯县的家人的。[36]

大都市边境地区的社会生态至少有一个世纪的历史。海岸山脉（Coast Range）和胡德山山脉的伐木业直到20世纪早期才有了长足的发展，这是美国木材业从五大湖大规模搬迁到太平洋西北部的一部分。工业砍伐使波特兰地区以前的土地开垦相形见绌。在华盛顿和哥伦比亚县，大规模砍伐工作沿铁路进入海岸山脉，然后前往蒂拉穆克湾（Tillamook Bay）。伐木工人和伐木铁路也从克拉克默斯和哥伦比亚河流穿过喀斯喀特（Cascades）的较低斜坡。像埃斯塔卡达（Estacada）和佛诺尼亚（Vernonia）这样的城镇基本上是20世纪早期伐木业繁荣的产物。同样因此获益的还有胡德山侧翼的布里达维尔（Bridal Veil）以及帕尔默（Palmer）地区，这些定居点现在已经消失了。

位于森林和城市之间的是长期建立的县政府驻地，服务于成熟的农业区（表 4）。俄勒冈市（克拉克默斯县）直到 20 世纪 40 年代仍然是波特兰和塞勒姆之间最突出的中心。希尔斯伯勒（华盛顿县）和麦克明维尔（亚姆希尔县）反映了威拉米特山谷农业的繁荣 [同等规模的纽伯格（Newberg）也是如此]。圣海伦斯（哥伦比亚郡）的蓬勃发展是对海岸山脉木材工业扩张的回应。在整个哥伦比亚地区，温哥华、卡默斯（Camas）和瓦休戈尔（Washougal）的快速增长也对木制品行业产生了影响。

县政府驻地及波特兰大都市区的人口　　表 4

城市	1890 年	1910 年	1930 年	1950 年
温哥华	3545	9300	15766	41664
俄勒冈市	3062	4287	5761	7682
希尔斯伯勒	n.a.	2016	3039	25142
麦克明维尔	1386	1651	22917	6635
圣海伦斯	220	742	3994	4711
波特兰	46385	207214	301815	373628

n.a.：暂无数据。

到 20 世纪 50 年代，农业和森林社区感受到了城市发展的压力。在《雷科切特河》（Ricochet River）一书中，波特兰作家罗宾・科迪（Robin Cody）回忆他的童年时代，描述了“克拉姆斯”（ Calamus ）（克拉姆斯是埃斯塔卡达镇的替代，位于波特兰东南约 20 英里处）不断变化的孤立状态。“悬崖正在上升。那里的路离河岸很近，你可以听到弯道里有回声。树离道路很近。左边是克拉姆斯河。这是开车去波特兰途径的最好的地方。(但很快)我们到达了市郊。购物中心，仓库，住房开发区。就像一个巨大的生物一样，这座城市正在向克拉姆斯蔓延。卡特彼勒公司的工人们在山中作业，新鲜沥青的气味蜿蜒进入汽车。”回到镇上后，科迪书中十几岁的主人公想:“过去，一个人可以去‘西部’发展。我的祖父林克(Link)去了西部，格斯·施瓦兹(Gus Schwartz)在林克之前就去了西部。再比如老哈克贝利·费恩(Old Huckleberry Finn),他轻装上阵，前往西部那片土地。问题是，克拉姆斯就是他们的目的地，从地理角度讲，这里就是“西部那片土地”。[37]

图 21 俄勒冈州圣海伦斯(俄勒冈历史学会第 0327 A 042 号)。从第二次世界大战前拍摄的哥伦比亚县政府大楼的顶部可以看到，罗马教皇和托尔伯特(Talbot)木材加工厂控制着圣海伦斯市。圣海伦斯镇距波特兰市中心 30 英里，是目前纳入大都会地区的 6 个大麻制品小镇之一

图 22　埃斯塔卡达木材露营地，1949 年 8 月（俄勒冈历史学会第 011762 号）。埃斯塔卡达木材露营地从木材工人之间的非正式竞赛演变为由当地商界赞助的赚钱游戏。上座率的逐年下降导致了 20 世纪 90 年代出现暂停状态

森林边缘使波特兰得以将社会冲突转移到森林中。芝加哥和西雅图的政治冲突与其说是资本家对工人的冲突，不如说是商人对熟练工人和小企业主的冲突。早期的波特兰对激进公会来说并不是一个好地方，但海滨附近除外。造船商在 1917 年罢工，海员在 1921 年罢工，码头工人在 1934 年罢工。从 20 世纪 10 年代到 30 年代，市长乔治·贝克（George Baker）按照商业精英们的意愿，组建了名为“红色小队”的警察特别行动队，将这些激进的公会组织者赶出了城。警察的力量结束了 1921 年的罢工行动，并参与了 1934 年的商业活动。1928 年，美国商会（Chamber of

Commerce）不无夸张地宣称，“这座城市一直没有激进情绪。”[38] 工资相对较高且定居在城市的工厂工人、铁路工人和工匠可以认同小资产阶级（20 世纪初的波特兰有很高的住房拥有率）。他们偏爱的公民行动方式是选举民粹主义或本土社会主义。就像在代顿和密尔沃基（Milwaukee）等东部小城市一样，社会党在 1912 年之前一直很强大——直到中产阶级波特兰人投票通过了应以大规模选举的方式组建委员会政府，使得社会党的选民基础被削弱了。

在区域经济中，被剥削最严重的劳动者是在农场、铁路和森林中没有技能的农村工人，但这里的文化建立在顽强的个人主义基础上。俄勒冈州伐木工和磨坊工人更可能认同自给自足的山区工人形象，而不是加入一个大工会。华盛顿州是世界工业工人的温床，1917 年该州的木材工人罢工，在斯波坎（Spokane）和西雅图发起“言论自由运动”，在埃弗里特（Everett）和森特罗利亚（Centralia）大屠杀中发起暴力冲突。波特兰是由伐木工和木材商组成的忠诚军团的总部，他们是公司工会和 1917 年成立的爱国协会的结合体，联合反对世界产业工人联盟（I.W.W）。

其结果是强烈个人主义的“先锋”文化得以延续。在大卫·詹姆斯·邓肯（David James Duncan）的小说《K 兄弟》（*The Brothers* K）中，休·钱斯（Hugh Chance）在华盛顿州卡默斯的一家造纸厂工作，但由于在罢工期间从事兼职工作而与工会发生矛盾；因为在他眼里家庭责任胜过工会团结。我们已经见过肯·凯西（Ken Kesey）饰演的汉克·斯坦普（Hank Stamper），他对工会化的蔑视不亚于对瓦肯达·奥加河（Wakonda Auga River）的蔑视。诗人加里·斯奈德（Gary Snyder）写出了老伐木工埃德·麦卡洛（Ed Mc Cullough）的心声。他在林中做着一份边缘化的工作，每天负责砍掉圆木上的结节使其变得平整光滑，能够用来做拖拉机的滑动垫木。

埃德·麦卡洛做了35年的伐木工，
由于链锯的出现
而沦落到从事在楼梯平台上砍断木结的工作：
“我无需忍受这个，
再过二十年
我会让他们见鬼去吧”
（那时他65岁）。
1934年他们住在沙利文峡谷霍夫维尔
的棚屋里。
每当开往波特兰的火车经过，
列车乘务员会扔下煤块施舍他们。

“成千上万的男孩子开枪斗殴，
他们想要在树林里拥有
一张好床，体面的工资，
可口一些的食物——”
没人知道这句诗的含义：

“不满的士兵。”[39]

都市农业比都市伐木业好得多（华盛顿州的韦伯特（Verboort）仍在举办香肠美食节，克拉克默斯县的莫拉拉（Molalla）也有马术竞技会，而埃斯塔卡达正试图在中断 10 年后重振其木材狂欢节）。克拉克默斯县在俄勒冈州农产品价值排名第三。华盛顿县排名第六：其农业收入从 1978 年到 1992 年增长了 40%，尽管这其中有大规模城市郊区化的因素。另外两个排名前 10 的县也在 CMSA 组织中。[40] 使农业局业生产得到了良好组织，积极维护国家土地使用条例，以防止城市的跨越式发展。有意向的农民可以进行长期投资。他们中的许多人种植特定的高价值产品，例如：苗木、花卉球茎、啤酒花、草籽、坚果、浆果、冷冻蔬菜、黑比诺葡萄（用于蓬勃发展的葡萄酒工业）。

劳动密集型农业的优势解释了为什么大都市地区的拉丁裔人口大多生活在城市的边缘。外来务工人员已经成为许多农村城镇的永久居民。在希尔斯伯勒等城镇，县政府官员的工作是用西班牙语进行宣传；墨西哥移民和高新产业的雇员都对古老的县政府发展方向产生了影响。农民工住房质量是当地的一个热点问题。一个夏日的周六，希尔斯伯勒法院广场周边的农贸市场既不是迈阿密也不是洛杉矶，但它吸引了众多不同种族的人群。2000 年 6 月，华盛顿县展览委员会的成员们引起了一场小小的骚动，他们担心希尔斯伯勒快乐日（Hillsboro Happy Days）——7 月 4 日的节日——现在以班达音乐、吉事果货摊和墨西哥歌星吸引了绝大多数的拉丁裔人群。事实证明，问题在于盎格鲁人在20世纪90年代退出了传统的庆祝活动，而墨西哥裔美国人为节日组织者提供了一个很大的、基本上尚未开发的市场。

乡村发展成了郊区，大城市边缘地带的大量农村地区被城市化了，包括——克拉克县、哥伦比亚县、亚姆希尔县——结果喜忧参半。随着通勤者挤满了新的小区，原住民哀叹小镇民风的终结。1996年，在哥伦比亚河以北，一群对人口密集的郊区化不满的农村居民试图将克拉克县北部的农场和小城镇分割成一个单独的县（但没有成功）。在俄勒冈州哥伦比亚县的斯卡普斯（Scappoose），有近一半的工人往返于住宅和波特兰通勤上班，但被称为波特兰的“通勤郊区”抹杀了该地区原本的自我形象。“住在这里的人有一种根深蒂固的恐惧，害怕被波特兰吞没——害怕被迫成为城市居民，”前县长布鲁斯·雨果（Bruce Hugo）在1998年说道。“人们搬到这里是因为他们想住在乡村环境里，但他们开玩笑说两者可以兼得。”新来者对学校和其他服务提出了意想不到的要求。“我们正遭受着大量人口涌入的痛苦，”[41]哥伦比亚郡第五代居民杰夫·凡纳塔（Jeff VanNatta）抱怨道。“新来的人不在这个县工作。他们在波特兰工作，他们在波特兰购物，他们开车回家时还时常抱怨道路。”

包括斯卡普斯在内的大多数城镇都保留着市中心商人、房地产经纪人、律师和保险代理人的核心业务。他们加入了基瓦尼斯（Kiwanis），为美国商会（ Chamber of Commerce committee）配备职员，并推动了高中足球队的发展。在亚当·戴维斯（Adam Davis）的文章中，他们被分类为“传统主义者”，他们有着老百姓的价值观，加入了城市中的小型发展企业。这些企业从不断上涨的房价和不断上升的消费者需求中看到了商机和利益。这些人也是原市中心开发重建项目的潜在支持者，有时也会与此相反，支持大型连锁超市和公路交通的建设。与进步的波特兰一样，这些地方是教堂、市民协会和其他公民机构最密集的地方。

让我们把目光投向位于波特兰和塞勒姆之间的亚姆希尔县。由于拥有肥沃的山谷和日照充沛的山坡，这个县多样化的农业长期以来支撑起了小镇的发展繁荣。然而，在 20 世纪的最后 20 年里，小镇发展得太快了。美国人口普查局的分析师在 20 世纪 80 年代将该城镇纳入波特兰大都会区。现在，该镇的景观是这种快速发展经济模式的最直观反映。在每天的交通高峰期，开车的人会阻塞俄勒冈 99W 的主要交通走廊。周日下午和晚上的情况可能更糟，因为波特兰人周末要从海边回到家里。在纽伯格等城镇的边缘，以及可以俯瞰邓迪的山丘上，是在塞勒姆办公室和希尔斯伯勒电子厂上班的通勤者的新住所。

作为俄勒冈州葡萄酒产业的中心，邓迪本身就出奇地时尚。在过去的 25 年里，亚姆希尔县已经拥有了 2600 英亩的葡萄园和 40 个酒厂。邓迪的支持者们看到了俄勒冈版的纳帕谷（Napa Valley），特别是蒙达维（Mondavi）和贝灵哲（Beringer）公司也在寻求投资。镇上建起了酒庄、品尝室和越来越多的高级餐厅。20 年前，邓迪还是俄勒冈最大的榛子产地。现在，它的支持者说，它正处于成为“一个越来越国际化的、前沿的山谷”的发展过程。[42] 事实上，这一转变还远未完成。许多酒厂都可以从走 99W 高速公路到达，但从“乡村”一侧进入的道路很可能是一条布满车辙的砾石路。

亚姆希尔的县政府所在地麦克明维尔（McMinnville）是一个古老的河口城镇，在一代人的时间里居民从几千人跳到了 25000 人。从波特兰到海岸的高速公路两旁都是大卖场和折扣店。作为对发展过快的反击，老城区已经用餐馆和精品店取代了普通零售。农场和工厂的工人在 K-Mart 囤积货物，而白天的游客和中产阶级则在享受一个复兴的城镇中心。与此同时，该镇正准备兴建航空博物馆，主要景点是“云杉鹅”，这架霍华德·休斯（Howard Hughes）设计的超大型货机原型机出了名的失败。对旅游业来说，这可能是一个很好的吸引力，但它是一个路边景点，与社区的历史没有什么联系。

在都市区的另一边，一个巨大的造纸厂仍然若隐若现地矗立在华盛顿卡默斯市中心，正如大卫·詹姆斯·邓肯在 20 世纪 60 年代所描述的那样：

夜晚的灯光全都出现了——整个星群——聚光灯、泛光灯和巨大的方形电力灯，悬挂在墙上和电线上，闪闪发光，把雾从这里照亮到哥伦比亚中部。工厂有……其建筑的两翼像办公楼一样高大，暴露在外的通风口和烟道发出噪声，头顶或地下的管道向它们提供稳定的河流水量，其中一些管道和烟道大到足以驱动半挂拖车通过；我能从我们坐着的地方数出 14 个灯塔大小的烟囱，其中 9 个烟囱里的蒸汽倾泻得如此之厚，它们看起来就像地球上每一朵云的发源地。我能感觉到大钟后面大楼里机器上的雾在振动。[43]

但该镇的大部分新工作都在一个高科技工业园区，位于工厂的逆风处。工厂工人仍然可以在肖蒂的台球厅和磨坊酒馆逗留，但设计师设计的珠宝和顶级自行车可以在有雅致的树荫遮蔽、两边有商场样式建筑的主道以外的两个街区内找到。卡默斯市中心协会的负责人也借鉴了旧金山湾区的形象，他说，离成为“西北的帕洛・阿尔托（Palo Alto）只有几步之遥。这可能会给我带来麻烦，真的”。[44]

如果斯卡普斯、麦克明维尔、卡默斯展示了大都市经济和文化的扩张影响小城镇及其传统社会和经济价值的一些方式，那么许多低收入社区中来自山麓的移民试图在城市边缘重建农村生活方式。拉丁裔和伐木工聚集在克拉克默斯县和东部蒙诺玛县附近的一些社区，那里居住着城市里的乡村居民。帕克罗斯（Parkrose）、兰兹（Lents）、布伦特伍德 - 达灵顿（Brentwood-Darlington）为想逃离都市生活的人们提供了避难家园。它们是拖车住房之家，自助建造的房屋，未铺路面的街道（业主负担不起铺路需支付的分摊费用），汽车、卡车、拖船和露营车轮子上储存的财富，铁链栅栏后的罗特韦尔犬。

在最糟糕的情况下，这些“中东”地区的问题和危险与波特兰市北部或东北部最麻烦的地区一样多。亚当·戴维斯（Adam Davis）提供了“异化挣扎者”这一类别。对于一个寻求与众不同的时髦局外人来说，这里有“大西北地区最古怪、最怪异、最肮脏的人群和企业。”[45] 许多居民拒绝向政治游说者、推销员或人口调查员等任何陌生人敞开大门。拉丁裔和越南籍的十几岁青少年组成了一个个帮派，反过头来迫害同民族的居民。这里有冰毒实验室和大麻种植者。在市中心和附近地区，严厉的执法迫使色情交易向东部地区转移——卖淫活动出现在第 82 大道和东北桑迪大道上的游船和汽车旅馆。埃勒尔高地（Errol Heights）街区——后来改名为布伦特伍德 - 达灵顿，用以摆脱糟糕的名声——长期以来一直被冠以“重罪公寓”的绰号，指的是那些最终住进廉价住房的前罪犯。廉价的单层、双层组合公寓中住着贫困的单亲家庭和毒贩。在一年多一点的时间里，警方整理了一个 5 英寸长的文件夹，里面有关于毒品使用、殴打、枪击和谋杀的报告。在古斯·凡·桑特的电影《药店牛仔》中，那些吸毒的社会底层人士住在这类社区的廉价住宅和汽车旅馆里感觉很舒服。当同伙中有人因服用过量药物而死亡时，他们会驱车沿着一条土路进入光秃秃的山麓，将尸体丢弃。一名蒙诺玛县副警长在 1994 年评论说，他们保留了一些屡屡犯事的罪犯的影印监护权表，这样他们就可以方便填写每次逮捕的日期和时间。

这些地区也是稳定的工薪家庭的家园。一排破旧不堪的房子偶尔会出现一两个惊喜——个房子保养得很好，粉刷得很新，草坪保养得很好，花丛点缀得不错，但仍属于这个小区。当地居民对自己所做的事情感到非常自豪。他们愿意并且能够团结一致去对抗一个特别令人讨厌的邻居，但是他们之间更经常互相怀疑。在过去的10年里，这个地区已经产生了许多自助式成就（例如社区荣耀小组和东南社区关怀组织的建立），但是它的居民与"进步的波特兰人"相比不可能有投票的机会。许多人希望政府就此消失。当地社区中心的主任说:"这里绝对给人一种顽强的个人主义的最后堡垒的感觉。"[46]

分散在这些边缘社区的是以家庭为导向的移民，他们对政府的不信任是众所周知的。1975年以来，俄勒冈州在难民安置方面在各州中排名第11位。在20世纪80年代，它吸引了大量的越南人、柬埔寨人、老挝人、赫蒙族人、俄罗斯人和乌克兰人。最近的移民包括埃塞俄比亚人、缅甸人、库尔德人和波斯尼亚人。蒙诺玛县约有一半的外国移民居住在中东部地区，由于家族的不断扩大，数百名罗马尼亚人从中发现了对成人家庭护理服务的市场需求。据估计，波特兰联合大都市统计区（CMSA）内居住着4万至6万讲俄语的俄罗斯人和乌克兰人。许多人因福音宗教而自我孤立，但移民社区的典型压力正在形成。几百家小型企业服务于移民社区的需求，许多移民就职于许多为新移民提供服务的中介机构。

不管怎样，这些人都是执拗分子的邻居。他们不太相信政府，也无法想像他们的税金能得到好的回报——这与进步主义的核心背道而驰。是政府让 I-205 州际公路穿过了本来繁荣的兰兹商业区的中心，现在又是政府带着新的经济振兴计划来到这里。让许多居民失望的是，1984 ~ 1994 年间，波特兰和格雷舍姆合并了东部蒙诺玛县城市化地区的近 15 万人。此前，该县决定逐步取消警察和公园等城市服务，转而专注于社会服务。

其结果是居民们围绕兼并地区基础设施建设的公平筹资问题展开了激烈的争论。在肮脏的街道上拥有廉价房屋的业主们发现，当新房子搬进来的时候，他们面临着支付铺路费用的问题。在 20 世纪五六十年代首次开发时郊区还是半农村化的，但现在已经变成了中等密度的社区，迫切需要使用昂贵的下水道系统来取代化粪池系统，以达到健康和环保的双重目的。许多工薪阶层的房主发现，地区兼并后，很快就收到了 8000 ~ 10000 美元的账单，用来支付下水道系统的安装，导致波特兰组织项目在 20 世纪 80 年代末与波特兰市政委员会展开了一场旷日持久的、让人身心俱疲的斗争。最终的协议降低了总成本，给个人房主至少 2500 美元的折扣。这场战役也让许多新的波特兰人和格雷舍姆人相信，他们对市中心政客和官僚的最大恐惧是真实的。

高中生是社会界限的灵敏监控器。东部蒙诺玛县的帕克罗斯街区正在转型。过去所有的白人郊区现在都是种族混合的——四分之一的拉丁裔、亚裔和东欧人；曾经是中产阶级的社区现在已经败落了，足以成为住房和社区发展的目标地区。孩子们知道地区高中的排名顺序；一位学生说他们的学校是“领粮食券的”⑩。[47] 在社会分化的另一边是泰格德的硅谷郊区。几年前，该区学校加入了“Pac-8”高中橄榄球大会，大会其他成员则是一些大型郊区，它们有的位于波特兰大都会边缘（福里斯特格罗夫、麦克明维尔、坎比、纽伯格），有的来自塞勒姆（达拉斯、锡尔弗顿）。一名泰格德的球员描述了他们的感受：“我们是作为城市的新人来到这里，现在我们要去达拉斯和福里斯特格罗夫。我觉得大家都在关注我们。”[48]

无论是这位小运动员所在的学校，还是前文中那所“领粮食券”的学校，都距离波特兰市中心只有 7 英里。前者代表了波特兰城市核心的向外扩展，也表现出进步派波特兰人和硅谷郊区这两个群体都有着复杂的内核，并呈现出繁荣的趋势。后者则像是旧时代的缩影，家庭成员们聚在一起，在城市经济发展的缝隙中辛苦工作，维持生计。这两个不同的群体是新西部和旧西部的代表，也是波特兰市民和俄勒冈州居民不同生活境况的代表。全球性的增长趋势体现在了青少年真实的日常生活中。

第3章

最佳规划城市?

鲑鱼及城市精神

1957年，美国陆军工兵部队完成了达拉斯大坝（The Dalles Dam）的收尾工作，其次，上游堵塞哥伦比亚河主要干流的14座大坝也得到了修缮。达尔斯大坝将驳船航行延伸到上游，利用河流的蓄水池发电。它的规模远不及大古力大坝，对区域发展的重要性也不及博讷维尔大坝（Bonneville Dam），但它在太平洋西北部扮演着核心角色。

在大坝上游几英里处，一个巨大的玄武岩堤形成了塞里洛瀑布（Celilo Falls），这是一条9英里狭窄线的开端，这条线一直延伸到较长的狭窄地带（有时有5英里的激流）和较短的狭窄地带。玄武岩光滑的黑色表面逆着水流向前伸去，把河水挤进了汹涌澎湃的瀑布和激流——法国毛皮商人的“峡谷”。每过一秒钟，就有数十吨的水从水渠中流出，奔向大海。威廉·克拉克（William Clark）发现塞里洛瀑布的水很容易被运输至陆地，他在

图 23　塞里洛瀑布（俄勒冈历史学会第 65993 号）。20 世纪 50 年代末期，达尔斯大坝淹没了塞里洛瀑布，结束了印第安人几个世纪以来的捕鱼活动

书中写道：

> 在这个地方，这条大河的水被挤进一条沟渠，在两个不到 45 码宽的岩石之间流淌，并持续了 1/4 英里。然后，河宽再次扩大到 200 码左右并且保持这个宽度行进大约 2 英里后再次被岩石穿插……尽管这个像肠道一般的河流潮涨，沸腾，泛起涡旋，但我仍然决定穿越这个地方，因为从岩石的顶端看去，这个地方并没有那么糟糕。[1]

对迁徙的鲑鱼来说，塞里洛瀑布是一个挑战，但对当地渔民来说，则是一次机会。河中央附近的居民在岩石上修建了摇摇欲坠的坡道和平台，悬垂在沟渠上。人们在水面的光滑木板上保持平衡，他们把长柄的渔网浸在水中，以捕获游向上游的鲑鱼。自然学家大卫·道格拉斯（David Douglas）描述捕鱼时这样说道："在夏天临近、水面上升之前，石头和岩石之间形成了一些小通道……在这个通道上放置了仅够一个人站立的平台……然后[他]将他的网放在通道的顶部，网的大小和通道的大小一样，随后，网被水流带走。可怜的鲑鱼，正中他的下怀，游进了平稳宜人的通道，滑入网中并立即被扔到台子上。"[2]妇女和孩子们猛击鲑鱼的头部，将它们拖到河边去除内脏，并劈成两半挂起来晒成鱼干或制作熏鱼。

塞里洛和朗那洛斯（Long Narrows）作为富饶的渔业区和独木舟的禁行地，是天然的贸易点。来自葱郁海岸的村民带来了鱼、贝壳、雪松树皮、篮子和鲸须。来自干旱高原和山区的人们带来了兽皮、水牛长袍、皮石、黑曜石和肉。游客们讨价还价在此交易，然后在接下来的几年里回到这个"哥伦比亚的大商场或集市，上演赌博和抢劫戏码的大剧院"（引用于一位在1810年造访的白人商人）。[3]到19世纪初，哥伦比亚下游的人们已经成为美国和英国贸易公司活跃的贸易伙伴，给贸易公司增加了毯子和其他制成品等贸易商品。

当大坝关闭时，河水淹没了奔腾的瀑布，塞里洛瀑布成为历史与空间的分水岭。瀑布的消失见证了一件单一事件中几代环境和文化的变化。本土文化的改变是一个长达200年的过程，始于英美两国商船的到来。自从工业化捕鱼和鱼罐头行业出现以来，经过130年的时间，野生鲑鱼的种群数量遭受了毁灭性的打击。但这两个故事在同一时间、同一地点交汇在一起——1956 年 4 月举行了最后一次“第一条鲑鱼”仪式,这也是最后一季的传统塞里洛捕鱼。在电影和记忆中捕捉到的最后一个捕鱼季节，远比逐渐干涸的大沼泽地和逐步消失的高草草原来得生动鲜活。他们，也就是我们未开化的祖先，是出于无知，这不是一个不幸的错误。这是我们曾经做过的一件事——这件事的原因和后果仍对现在有所影响。

大坝建设和鲑鱼捕捞之间的冲突体现了人们对自然财富的需求和对自然界限的认知之间的现代紧张关系。回想起来，这一事件开始改变了修建哥伦比亚大坝的寓意，那就是从进步走向变化。在筑坝的时代，波特兰人和其他西北人写的书都以《我们的应许之地和西部河流：哥伦比亚帝国的机遇研究》（*Our Promised Land and River of the West: A Study of Opportunity in the Columbia Empire*）和《哥伦比亚：西部的动力》（*The Columbia: Powerhouse of the West*）为题[4]。1941 年，新任博讷维尔电力管理局决定聘请伍迪·格思里（Woody Guthrie）参观博讷维尔大坝（1937 年）和大古力大坝（1941 年）项目，并创作庆祝歌曲。许多美国人都唱过格思里所创作的那首最受欢迎的曲子：

干旱贫瘠的山丘上长出的绿色牧场……

继续前进，哥伦比亚号，继续前进。

你的力量将我们的黑暗变成黎明……

图 24　博讷维尔大坝（俄勒冈历史学会第 92882 号）。这是哥伦比亚河上众多联邦水电和通航大坝中的第一座，博讷维尔大坝横跨哥伦比亚峡谷，距波特兰以东 40 英里。它的建设引发了关于如何以及在哪里最好地利用其廉价电力的激烈辩论。其结果是成立了一个新的联邦机构——博讷维尔电力管理局（Bonneville Power Administration），将博讷维尔和库利的权力在地区基础上进行分配。最初的成果之一是沿着下游建设了一系列铝厂，这些铝厂为第二次世界大战的战斗机提供了原材料

对于 1957 年的俄勒冈州白人来说，赛里洛瀑布的浸没是一个有趣的例子，它令人遗憾，但代表着一种进步，并且经济成本可控。毕竟，哥伦比亚河上的四个捕鱼部落——沃姆斯普林斯（Warm Springs）、雅卡玛（Yakama）、尤玛蒂拉（Umatilla）和内兹珀斯（Nez Perce）——共享了2300万美元的渔业损失赔偿。40年后，塞里洛的洪水似乎成了一种不可根除的文化罪恶，因为没有人能重新建立起以瀑布为中心的生活方式。人们对汤

米·汤普森（Tommy Thompson）警长的悲伤有了更深刻的理解："我的生活结束了。我的人民永远不会回来了。"尽管在2000年，人们积极考虑通过拆除哥伦比亚最长支流上的4个较小的斯内克河（Snake River）大坝来恢复野生鲑鱼栖息地，但我们还不能为了恢复古老的瀑布而真的拆除达尔斯大坝。

波特兰的作家在他们所写的小说里，如罗宾·科迪（Robin Cody）的《雷科切特河》（*Ricochet River*）以及克雷格·莱斯利（Craig Lesley）的《大河之歌》（*River Song*），都意识到塞里洛捕鱼的终结既是历史也是故事——这是该地区了解自身故事的一部分。诗人厄尔·汤普森（Earle Thompson）将塞里洛描述为"在世界的边缘跳舞"——天空和陆地之间的缝隙，旧世界和新世界之间的边界。[5]莱斯利写下了塞里洛传统捕鱼的终结，使其成为老印第安人讲述给年轻印第安人的故事之一。在他的笔下瀑布的消失和生活方式的转变成了父与子之间不可逾越的鸿沟，如丹尼·卡亚（Danny Kachiah）和他的父亲红衬衫（Red Shirt）以及他的儿子杰克之间都有这样的鸿沟。故事也讲述了旧时代的规律性和现代美国的不确定性。杰克是一位有些苛刻的青少年，当丹尼描述印第安墓葬从淹没的岛屿迁移到10英尺高的篱笆后面的一个乱葬坑时，他说道："他们在真正帮助那些死去的印第安人。"[6]

罪恶也许不可根除，但它总是可以忏悔的。鲑鱼和它们的河流在公共艺术中无处不在。鲑鱼的表现艺术或异想天开，或现实描绘，或抒情，餐厅和停车场、波特兰会展中心（Portland’s convention center）以及市中心的公交中转购物中心的道路两侧都能看见鲑鱼。这是一种低成本的方式，让成群结队的通勤上班族意识到另一种迁徙的方式（鲑鱼洄游）。在戴维·詹姆斯·邓肯童年时期经过约翰逊河（Johnson Creek）时，也看见了鲑鱼。约翰逊河流经波特兰东南部的公园和荆棘丛生的后院。

然后我来到了一处无法行走、深不见底的水面：一个阴暗的黑色水池，表面泡沫像星云中的星星一样旋转……我停下来，在一处伐木上趴着，看着水池；想像它的泡沫星形表面涡流变成梵高的夜空。我旋转着，变得头晕目眩，茫然失措，我忘了我的星星不是星星……只是我失去了所有的时间感、空间感，忘了此处的小溪、天空、左右和上下。从没有阳光的深处或从泡沫般的星星天空跃起了红色和绿色的图腾的生物。他体型巨大，长着鹰钩鼻，善于旅行，有清晰的眼睛。它的存在是那样的难以描述，我想象不出比直呼它的名字——Coho（银鲑）更好的方式。

一只年迈的雄性银鲑，不似寻常鲑鱼那样觅食，而是浮在水面上，谁知道其中原因。当它弯起身子，当它潜行的时候——它用一只凝视的、闪亮的眼睛盯着我。它的注视不像一条鱼挣扎着从海洋中死去，而像一位特林吉特（Tlinget）或夸扣特尔（Kwakiutl）信使从一个不死的国度坠落。银鲑快速地上浮，又同样迅速地沉入水中，回到了河流深处。但在它消失之前，它那眨也不眨的眼睛改变了我对自己的看法。[7]

一些西北人也用更明确的宗教术语定义人与地点的关系。1999 年 5 月，该地区的罗马天主教等级制度发布了《哥伦比亚河流域：现实与可能性：一封主教信引起的反思》。西雅图和波特兰的大主教和雅基马（Yakima）、斯波坎（Spokane）、博伊西（Boise）、海伦娜（Helena）、纳尔逊（Nelson）、不列颠哥伦比亚（British Columbia）和俄勒冈州贝克城（Baker City）的主教都明确地将河流的管理与基督教的水意象联系在一起：耶稣在约翰福音第 4 章中向井下的女人献上的生命之水，在马太福音第 5 章中，上帝降雨给行善之人，也给不义之人。在上帝的国度，河流是生命之水的象征，奔流不息，由始自终。

哥伦比亚分水岭是上帝的杰作之一，超越了人类独断的政治边界。该盆地是一个生物整合区域，有物种和栖息地的需求，有相互关联的人类社区，有维持居民和迁徙物种生命的自然资源，有必须保护起来的昔日辉煌……

我们这些在国际分水岭地区的加拿大和美国主教们……在这一反省中提出了一些在公共空间内解决问题和消除不公的初步建议。我们提出这一反思，是为了开始对分水岭的需要进行不间断的讨论。我们为分水岭提出了一个综合的精神和社会愿景。我们希望鼓励有助于消除有害政策和做法的态度和行动。我们设想一个更美好的未来，尊重生态、河流及其自然环境之间和谐相处，以及社区更新将整合我们共同的环境。

哥伦比亚分水岭应该是神圣的。信仰的双眼应该在这本自然的书中看到圣灵的记号，这些记号补充了圣经中对神的理解。哥伦比亚分水岭也应该是公有的：一个所有生命共同体成员共享的地方。

政治的任务是将人们的夙愿转变为日常行动。正如俄勒冈州官方计划署所说的那样，问题在于平衡“土地保护与开发”的主张。在实际应用中，我们面临的挑战是如何在不给城市景观带来太大压力的情况下，让城市繁荣起来。

为了成为人类和自然社区的管理者，波特兰人还试图制定将个人利益与社区利益结合起来的制度和政策。例如，是否有可能在识别和维持社区特性和价值的同时，将它们与大都市的更大需求联系起来？制度和政策是否能够缩短市中心自由主义者和山区居民，以及郊区居民和激进的生态倡导者之间的距离？波特兰致力于建设包容的公民文化及其支持机构的故事始于20世纪60年代。它建立在种族变化、中产阶级民粹主义传统、战略领导力以及对城市和社会生活的新看法之上。实际上，这些问题通过询问波特兰人如何塑造他们的城市，反转了第一章中提及的波特兰依托地理位置和自然资源的发展方式。

像城市一样规划

1969年8月19日，“滨江为民”（Riverhood for People）组织在城市的中间地带举行了一场野餐活动。那

图 25　海港大道（俄勒冈历史学会第 57776 号）。海港大道是 20 世纪 30 年代市中心海滨复兴计划的一部分。这座城市用截流污水渠取代了腐烂的码头和泥泞不堪、垃圾遍地的河岸，并利用墙后新填的土地修建了一条环绕市区的公路旁路

是仲夏的一日，群山和海岸吸引了许多波特兰人，250 名成年人和 100 名孩子在弗龙特大街（Front Avenue）繁忙的四车道马路和海港大道（Harbor Drive）更繁忙的四车道马路之间的一条贫瘠地带铺上毯子，打开他们的冷藏箱和装满食物的篮子。该组织的发起者艾利森·贝尔彻

（Allison Belcher）和鲍勃·贝尔彻（Bob Belcher）小心地保护住他们的孩子（分别是1岁半和3岁），以防误入交通事故。格雷琴·卡佛里（Gretchen Kafoury）和史蒂夫·卡佛里（Steve Kafoury）住在欧文顿社区（Irvington neighborhood）对面的那条街，和女儿黛博拉（Deborah）在一起（30年后，黛博拉将追随父母的政治生涯，进入俄勒冈州议会）。人群精准地聚集在开拓者们建造波特兰第一批建筑的地方，他们是年轻而热情的活动家，认为波特兰应该在市中心的海滨地带建一个公园。

这次野餐的导火索是政府计划拆除一座大白象建筑——这是一幢建于20世纪30年代作为公共市场的两街区建筑，后来被《俄勒冈日报》（*Oregon Journal*）使用。该建筑位于福龙大街和海港大道之间，海港大道建于1940年左右，用来分流从闹市区街道上开来的卡车。对于公路工程师来说，这次拆迁为交通开辟了更多的车道。对于匆忙之间组织起来的“滨江为民”成员来说，他们希望增加更多绿地面积。在河滨的道路上，这些人在川流不息的车流中闲庭信步。波特兰城市俱乐部（City Club of Portland）在一份报告中强调了这一点，报告呼吁“各种公共用途……以及进入滨海艺术中心和河流本身的有吸引力的步行通道。”[8] 今年10月，环保人士实现了他们的第一个目标，说服了格伦·杰克逊（Glenn Jackson），一位公共事业公司的高管，主持和管理强大的国家公路委员会（State Highway Commission）。他们声称："至少建设一个公园是可能的。"在弗里蒙特大桥（Fremont Bridge）建成之前还有两年的研究和辩论，加入内部高速公路环路为交通提供了另一条路线，并允许城市摧毁海港大道。但正是这些积极分子提出了这一想法，终止了折中的措施（比如将海港大道填埋起来并铺上草皮），帮助开明的领导人进入市议会，并为汤姆·麦考尔（Tom McCall）海滨公园的发展赢得了赞誉。

如果波特兰是全国公认的"良好规划之都"，那么它就是一场小规模革命的中心，而这场革命的缩影就是"为民河滨"活动。主导态度、计划和政策的基本变化源于20世纪60年代后期开始于社区的政治变革，在20世纪70年代达到顶峰，并在80年代和90年代的新制度背景下继续发展。如果"革命"这个词听起来太过强势，那就让我们采访一下著名的城市事务记者尼尔·皮尔斯（Neal Peirce）吧。1970年，他写道，"如果西海岸有一个城镇称得上是礼仪之邦，而且急于维持现状的话，那就是波特兰，一个有丰富且谨慎的文化、谨慎的政治的城市"。17年后，在回答我的同事南希·查普曼（Nancy Chapman）和琼·斯塔克（Joan Starker）的提问时，他用"开放、充满活力，当然（准备好了）打破常规"来形容波特兰的政治氛围。[9]

在上一代，波特兰没什么好写的。在战后的10年里，城市政治围绕着保守派和改革派之间的传统斗争。市长多萝西·李（Dorothy Lee，1949 ~ 1953年）开始了警察队伍现代化的漫长过程，这些警察队伍把第二次世界大战当成了腐败的机会。然而，用市议会管理制度取代市政府委员会制度（1913 年通过）的提议只引起了良好的政府狂热者的兴趣。1950 年，选民拒绝了一项基本上具有象征意义的民权法案。由于社区和房地产行业的反对，公共住房和再开发计划失败了。

20 世纪 50 年代，政治的驱动力是威拉米特河东岸和西岸的商业利益之间长期存在的紧张关系，这种紧张关系体现在围绕竞技场和圆顶体育场等公共设施位置的选址的激烈之战。竞技场是建在百老汇大桥东端"错误"的位置上，尽管市中心建设尽了最大努力将它建在中央商务区以南的城市更新区。1964 年 5 月和 11 月，选民们一次又一次地拒绝在凡波特原址上建造"德尔塔圆顶"。如果没有美国职业棒球联盟的承诺，他们不愿意"按规格"建造一个体育场，失去了拥有美国第二个圆顶体育场的机会，可能还失去了获得扩展棒球队和国家橄榄球队数量的机会（比如新增一支波特兰水手队或波特兰海鹰队）。

围绕 20 世纪 30 年代和 40 年代遗留问题的内部斗争的一个原因是未能赶上战后的经济繁荣。与洛杉矶和西雅图等城市的航空业不同，造船业迅速消失。从 1945 年到 1965 年，波特兰市的社会风气平淡无奇，领导谨慎，对公共投资吝啬。新进步的政治改革运动代表了新的经济利益，改变了丹佛和菲尼克斯等城市，绕过了波特兰。在进入美国参议院之前，理查德・纽伯格（Richard

Neuberger）还是一名记者。在《星期六晚报》（*Saturday Evening Post*）中描述过波特兰。这位能言善辩的新政和自由民主倡导者认为最具特色的是什么？是“波特兰平稳而安定的生活。”[10]

然而在 20 世纪 70 年代，波特兰经历了巨大的变化。1967 ~ 1974 年担任州长的汤姆·麦考尔和 1973 ~ 1979 年担任市长的尼尔·戈德施密特（Neil Goldschmidt）正是跨越这一政治时代的领导者。麦考尔擅长演讲、道德呼吁和给对手政治上的当头一击。戈德施密特是预测共同目标和构建联盟的高手。两人都激发了政治参与热情，并塑造了政治期望。但他们的成功也有赖于越来越多的积极分子和草根维权组织所涌现出来的想法。就像沿着沙质河（Sandy River）和克拉克默斯河（Clackamas river）的断崖一样，它们引导着变化的洪流。

部分原因是几代人的更替。公民领导人从 60 多岁到 70 多岁的男性转变为 30 多岁甚至 20 多岁的男性和女性。正如历史学家 E·金巴克·马克科尔（E. kimbark MacColl）所指出的那样，1969 年劳工出版社（Labor Press）公布的最具影响力的波特兰人名单与 1975 年《俄勒冈时报》（*Oregon Times*）公布的最具影响力俄勒冈人名单之间只有 30% 的重叠。从 1969 年到 1973 年，波特兰市政局职员的平均年龄下降了 15 岁，蒙诺玛县委员会和立法代表团也发生了类似的变化。

这些新领导人有男有女，他们的个人和公众意识受到战后几十年美国繁荣的影响。他们生在美国乐观主义的伟大时代，通过高中、大学和早期职业生涯成长起来，当时，世界经济和政治力量为美国国内的各种可能性奠定了基础。他们取代了被第一次世界大战和大萧条（Great Depression）时期塑造的谨小慎微的一代人。有些人是和平队（Peace Corps）的志愿者。一些人在中南半岛的反战政治中有经验，当尼克松政府拒绝并妖魔化抗议者时，他们转向社区层面的改革。

一群年轻的激进女性加入了这场骚动。许多人的切入点是1972年的大选。两位聪明的年轻候选人——尼尔·戈德施密特竞选市长，汤姆·沃尔什（Tom Walsh）竞选市议员——动员了数百名志愿者。选举的第二天。参与戈德施密特竞选活动的女性遇到了参与沃尔什竞选活动的女性。我们见面是为了安抚沃尔什的工作人员，他们也来祝贺我们。我们星期三一起吃午饭；发现我们喜欢对方；我们决定继续这样做。[11]“妇女星期三”组织发展成为政治性的妇女组织（POW），该组织接受了向妇女开放具有公民意识的城市俱乐部的挑战。他们在本森酒店（Benson Hotel）担任周五俱乐部会议担任纠察，长达两年，直到俱乐部延长了会员资格。

波特兰政治和国家女权运动的世代更替比城市俱乐部开放得更多。像艾利森·贝尔彻这样的女性已经厌倦了那些思想老旧的官员对她们说：“别担心，你只是个家庭主妇而已。”[12]妇女选民联盟和恢复活力的民主党提供了学习和处理公共问题的机会。玛乔丽·古斯塔夫森(Marjorie Gustafson)后来回忆道:“那是在波特兰做一个年轻女人的美好时光。当我和华盛顿特区的朋友交谈时很容易发现，在华盛顿，生活水平相差无几的人都担心幼儿园，而我和我的朋友们担心的是波特兰。”[13] 这些在彼此的客厅中谈论政治和政策的女性群体中，会有重要的任命委员会成员、州议员、城市和国家委员会成员，以及20世纪90年代的维拉卡茨（Vera Katz）市长。

波特兰的新领导层反映了选民的变化。1970年的波特兰比1950年和1960年有更多的年轻选民。事实上，在20世纪60年代，15～34岁的居民比例从22%上升到30%。20世纪50年代后，它也开始以新的活力和理念吸引移民，尤其是被金融、服务和电子行业的新机遇所吸引的管理和专业人才。20世纪60年代，专业技术性职业占劳动力的比例从12%增加到15%，这很好地预示了公众态度的变化。

在有关城市规划和政治的全国性对话中，波特兰的新一代领导层与对话所产生的新观点不谋而合。波特兰的新政治是由20世纪60年代的国家城市重建和高速公路批评人士所推动的。简·雅各布斯（Jane Jacobs）、赫伯特·甘斯（Herbert Gans）等人强调了小规模和乡土化城市环境的价值，以及大城市的令人兴奋之处。城市规划者们重新发现，市中心是由复杂的分区组合而成的，而不是单一的整体。在不断发展的信息产业工作的自由主义者和少数族裔

图 26　尼尔·戈德施密特（C·布鲁斯·福斯特）。尼尔·戈德施密特作为城市专员（1971~1972 年）和市长（1973~1979 年）期间为市政厅带来了新动力和不拘礼节的相处方式

社区的成员都强调地方的价值，并试图使社区成为抵抗城市结构大规模变化的有效工具。在这个不断变化的国家话语能力中，波特兰之所以脱颖而出，不是因为其愿景的内容，而是因为它在将一种新的正统观念转变为一套全面的公共政策，以及围绕几个规划目标建立长期政治联盟方面的有效性。

波特兰在 20 世纪 70 年代取得的卓越成就，有赖于市中心商业利益集团与传统社区居民之间的强大联盟。在“城市危机”时期，波特兰有许多与其他城市相同的问题。市中心停车不足，玫瑰城运输公司（Rose City

Transit Company）破产，富裕的西郊新建的华盛顿广场（Washington Square）超级区域性购物中心威胁着市中心零售业的命运。与此同时，由于大规模的土地清理和再开发、集中贫困和种族不平等计划，相对传统的社区面临风险。许多城市将这种情况理解为一种零和博弈[①]，在这种博弈关系下，市中心的企业和房主为固定的资源总量而战。波特兰是20世纪50年代的“增长机器”（growth machine）商业领导力向一个更具包容性的政治体系做出优雅转变的少数几个城市之一。我们可以将由此产生的政治联姻描述为对开明中间派的动员。

政治转型的主要设计师和受益者是尼尔·戈德施密特，他是一位年轻的贫困律师，1970年当选为市议会议员，1972年当选为市长，时年32岁。1979年，他成为卡特政府的交通部长，1987年至1990年担任俄勒冈州州长。在他的第一个市长任期开始的时候，戈德施密特和他的工作人员已经开始酝酿政治和规划的想法，并草拟了一份综合战略，涉及土地使用和交通政策的协调。他们深受1970年人口普查的影响，普查显示中产阶级家庭比例下降对社区多样性和城市税基的影响。在1973年、1974年和1975年期间，戈德施密特的年轻政策专家和规划人员团队汇集了各种各样的政策倡议，这些倡议正等待着精确的定义，并将它们作为单一政治方案的一部分加以阐述，为广大公民和群体提供福利。

这种所谓的“人口战略”强调公共交通、社区振兴和

图 27　先锋法院广场（宜居俄勒冈公司）。20 世纪 80 年代中期，先锋法院广场取代了百货商店的停车场。它被轻轨铁路所包围，与运输中心相邻，迅速成为一个在城市中使用最频繁的角落内的正式和非正式的聚会场所

市中心规划。更好的交通将改善空气质量，增强老社区的吸引力，并将工人和购物者引向市中心。反过来，一个重要的商业中心将保护周边地区的房地产价值，并增加其对住宅再投资的吸引力。中产阶级家庭留在或迁入内部社区，会资助市中心的企业，繁荣会支持高水平的公共服务。社区规划将侧重于住房修复和可见的便利设施，以保持老住宅区与郊区的竞争力。

保护市中心的用户友好性是该策略的基石。商业上对郊区竞争和停车问题的担忧与 20 世纪 60 年代末公众对一片狼藉的河滨的厌恶不谋而合。1969 年，人们对河滨的关注不仅为港口的拆除铺平了道路，也激发了人们对其他市中心问题的激进反应。理查德·艾维（Richard

Ivey）来自 CH_2M-Hill 规划工程公司，他和城市专员劳埃德·安德森（Lloyd Anderson）提出了对市中心进行全面反思的想法。他们帮助组织了一个过程，通过这个过程，年轻一代技术精湛的公民活动家与城市官员、市中心的零售商、业主、社区团体和公民组织合作，处理以前孤立的问题的相互关系，如停车、公交服务、住房和零售。规划过程经理鲍勃·鲍德温（Bob Baldwin）记得让投资者参与进来的重要性："他们被称为市中心委员会（Downtown Committee），由市中心区大约 13 人组成。我们称之为'强大的市中心委员会'……其中包括一些很棒的人，例如波特兰的领导人。任何不属于这一群体的领导者都会觉得自己被忽视了，所以他们想加入"。[14]

1972 年的市中心计划为波特兰人两代人以来逐步尝试解决的诸多问题提供了综合解决方案。严格来说，这个方案是合理的，因为它是基于改善使用权和交通而提出的。它在政治上是可行的，因为它把不同利益之间的权衡作为连贯战略的一部分。具体细节包括新的公园和广场、高密度的零售和穿越市中心的办公走廊，服务于走廊、特别住房优惠区和以行人为导向设计的更好的交通和停车场。

结果，一个强大而可行的中心核心支撑着大都市地区。到这个城市的游客几乎总是从市中心开始。《时代》、《大西洋月刊》、《洛杉矶时报》和《建筑》都报道了波特兰强大的市中心设计、对地方的谨慎保护、对行人的友好以及通过公共艺术改善市中心。伯顿·卢艾什（Berton

Roueche）在 1985 年的《纽约客》中指出，“受到严密控制的新建筑，对有价值旧建筑的精心监督和修复，以及对充满活力的开放空间的创造”，是打造一座“个性与独特”城市的关键因素。“城市设计”获得了 1988 年美国市长会议颁发的城市宜居奖和 1989 年布鲁纳基金会颁发的城市优秀奖。[15]

罗伯特・希布利（Robert Shibley）和罗伯特・布鲁格曼（Robert Bruegmann）等城市设计专家将波特兰市中心重新塑造成一个类似迪士尼的主题公园，而不是一个“真实”的地方。人们对此的反应并不令人惊讶。罗伯特・卡普兰（Robert Kaplan）的评论很具有代表性:“这里有整洁的电车线路、几何形状的公园、镶嵌着聚合物玻璃的建筑旁边质朴的花盆，还有拥挤的人行道长椅。波特兰散发出舞台般的完美”。[16] 肤色白皙的波特兰人、市中心的工人和购物者无疑为主题公园的出现做出了贡献，许多波特兰人宁愿使用角落里的垃圾桶，也不愿意把糖纸扔在路边。即便是当地人有时也会想，我们是不是创造了一个玩具小镇，而不是一个棱角分明、能激起文化火花的城市，尽管我们有可能把波特兰作为美国设计的缩影。波特兰作家吉迪恩・博斯克（Gideon Bosker）和莉娜・伦切克（Lena Lencek）在 1985 年就这样想了，他们将波特兰描述为“一个精心策划的建筑博物馆……一个权威的现代都市，在这里，古代空间和未来派的摩天雕塑被放在 200 英尺高的微型积木上组合在一起。”[17]

除了这些吸引人的建筑，波特兰中部在大都市地区保持着经济和制度上的主导地位。自 20 世纪 70 年代以来，中央办公厅的工作总量不断增加，平均工作质量稳步提升。五个人口普查核心地区的就业人数从 1970 年的 6.3 万人增加到 1995 年的 10.8 万人；邻近地区的工作岗位从 4 万个增加到 5 万个。[18] 波特兰市中心几乎拥有所有主要的大都会机构和聚集地，例如艺术、历史和科学博物馆，表演艺术中心和市政礼堂，波特兰州立大学和俄勒冈健康科学大学，几个主要医院，公民体育场，俄勒冈会议中心和微软亿万富翁保罗・艾伦（Paul Allen）的玫瑰花园竞技场（正式的玫瑰园竞技场），一个新的私人资助的 NBA 开拓者的竞技场。位于零售核心区中心的先锋法院广场是举办政治集会和社区活动的地方。汤姆・麦考尔海滨公园是举办美食和娱乐节日的地方。

波特兰并不存在就业核心区外围废弃工业区和人去楼空的旧小区构成的城市死角。许多城市的高层核心区周围都有这种死角。1959 年，也就是 40 多年前，埃德加・胡佛（Edgar Hoover）和雷蒙德・弗农（Raymond Vernon）发现了一些老城市的"灰色地带"问题，这些"灰色地带"即那些似乎正在从房地产市场中消失的老过渡区。[19] 从那时起，美国大部分的内环地区都采取了"不升不降"的模式，在这种模式中，唯一的方法就是选择中产阶级化或选择放弃。

然而，波特兰并没有放弃，而是选择加快轻工业和仓储区的再投资。使用城市地理的标准模型，波特兰现在把市中心的核心和周围的框架作为一个单一的高密度“中心城市”。波特兰市中心围绕着几个有不同收入水平且充满活力的传统社区，以及废弃的滨水铁路和工业用地上正在兴建的住宅区。城市计划在位于市中心北部威拉米特附近废弃的伯灵顿北部货运中心（Burlington Northern freight yards）蓬勃发展的河流区域建造 5000 套住房。未来 10 年计划在市中心以南重新开发一个类似的滨水区域。

这些相邻的区域中有几个被纳入 1988 年的中心城市规划中，并没有因为与日益发展的市中心无关而被排除在外。在 1972 年计划的更新中，中央城市计划确定了哪些市区适合加强信息产业和工人的发展，哪些适合稳定蓝领工作。一项创新的工业保护政策使用分区覆盖，以保护波特兰西北部和东部中部的内部制造业和仓储区不受大型零售卖场等不兼容用途的影响。这种政策是一种有力的工具，可以避免工作地点与住房之间的不匹配，这种不匹配困扰着许多大都市地区。事实上，该计划和政策认为，海港和区域贸易中心需要在发展信息产业的同时保证蓝领工人的就业岗位。

波特兰如此强大的原因之一是郊区环路较少。20 世纪 50 年代，高速公路工程师决定将该市第一条有限通行的高速公路引入市中心，并将其与一条紧绕中央商务区边缘的高速公路环路连接起来。作为一项工程决策，这条路线利用了现有的或容易获得的通行权，避开了西山区最陡峭的部分。内高速公路使海港大道改为滨水公园成为可能；在有轨电车和城际铁路消失后，它帮助波特兰市中心和附近的社区成为大都会地区最容易进入的部分。一条穿过大都市地区不那么热门的东半部的郊区高速公路旁路直到20世纪80年代才开通。20世纪90年代修建西南交通系统的计划在政治交通中停滞不前，而修建西北交通系统将侵犯公园和开放空间，跨越哥伦比亚河多座桥梁的可能性更小，这样一来，大都市地区就只有半个环路了。

在城市核心地区之外，戈德施密特的第二个目标是回收那些建于19世纪80年代至20世纪30年代的老社区。该市利用联邦住房和社区发展集团的赠款基金和杠杆私人资本，以免税的方式借款，实施了一项大规模的住房重建计划。20世纪70年代和90年代郊区住房成本的上涨，也帮助那些住在价格实惠的老社区的家庭保住了房子。在市中心和西山区之间的几个社区——科比特（corbett）、莱尔山区（Lair Hill）、古斯霍鲁（Goose Hollow）和西北区——经历了新居民带来的逐渐中产阶级化。这些新居民期望将此地变成波特兰复杂城中心的代替品。威拉米特河东侧的平房带吸引了新一代的波特兰人，他们希望在步行距离内拥有50英尺 ×100英尺的传统城区、树木、人行道和商店。

这些社区成了进步的波特兰人的故乡，越来越多的人投票支持戈德施密特的盟友和市政府的继承人，支持州立法机构的自由民主党。一个例子是波特兰东北部的欧文顿－阿拉米达－格兰特公园区——亨利和拉蒙娜的邻居——在温和的共和党阵营中坚定地进入了革命时代。在成本较低的地区，该地区是崇尚自由主义的，随着房子越来越大，离中心越来越近，该地区也越来越保守。民主党人珍·赛兹（Jane Cease）曾担任过妇女选民联盟（League of Women Voters）的主席，她在1974年和1976年竞选俄勒冈州众议院（Oregon House of Representatives）选区席位时失败，但在1978年取得突破。她的竞选活动吸引了社区活动人士、有政治倾向的女性、年轻的自由民主党人和选民。1968年，选民们“组织大规模的活动，以争取获得选票”，支持一项学校资助法案。近几十年来，这个地区变得更加民主和自由。[20]

政府以直接的投资政策与社区活动家进行政治谈判。20世纪60年代末，社区和市政厅之间关于分区和土地开发产生一系列激烈冲突之后，新的戈德施密特政府决定，通过将独立的社区协会作为公共决策的次要参与者的方式，将社区活动人士合法化，并在一定程度上拉拢他们。玛丽·佩德森（Mary Pedersen）是非常活跃的西北地区协会的工作人员，帮助我写条例："我认为，除非把员工组织到一个办公室（当然我们都讨厌秘书处的那种感觉），邻居们将得不到他们所需要的支持，无法将他们的信息传达给市政府，特别是传达给规划办公室……我们非常积极地向市议会提出，我们需要独立于负责如此多规划的机构，我们不信任这样自上而下的规划。”[21]

该市的社区协会办公室（现在的社区参与办公室）成立于1974年，由佩德森担当首位主任。它为社区协会的活动提供城市资金，并监督他们的公开行为，但不规定问题或立场。自愿性的社区组织接纳并给予其财政支持，在一定程度上取代了来自基层的对抗策略，也取代了市政厅对公民参与的自上而下管理。

该战略的第三个要素是将投资从公路转向公共交通。和全国一样，在1969年，一个新的三县都市交通区（Tri-Met）吞并了破产的公交系统。市中心规划的一个关键特点是利用明尼阿波利斯的经验建造了一个中转购物中心。该购物中心于1978年竣工，穿过市中心的两条南北走向的街道，直达公交站点，提高了服务速度，并便利了交通。沿着购物中心和其他内部高速公路环路的公共汽车是免费的。“无尽头的广场”使波特兰被拉长的市中心成为一个单一的区域。

另一个重大的交通决定是1975年取消了所谓的胡德山高速公路，这是波特兰自己对席卷美国城市的高速公路起义的贡献。连接波特兰市中心1-5和东部郊区1-205之间的高速公路长达5英里，可能会摧毁波特兰东南部6个中产阶级下层社区。而且，高速公路的行动是一个市中心社区联盟的结果。在这条高速公路上，社区的自身利益是显而易见的。与此同时，有相当一部分市中心的企业相信，集中的公共交通将比第二条东侧的放射状高速公路更有益。大部分联邦资金被用于修建一条从市中心到格雷

图 28 《三个女人，星光游行》(劳伦斯·施利姆，明胶银印，1992 年，波特兰视觉影像编年史)。波特兰市中心作为一个整洁的中产阶级主题公园(像是本地化的洛杉矶环球影城城市步道)的形象被经济边缘地区居民的存在所掩盖。劳伦斯·施利姆(Lawrence Shlim)拍摄的《三个女人，星光游行》(Three Women, Starlight Parade)中的退休人员正在观看一年一度的玫瑰节(Rose Festival)的两大活动之一

舍姆东部郊区(Gresham)15 英里长的轻轨。在 20 世纪 90 年代中期，三县都市交通区运输公司的径向公交和铁路系统运送了 30% ~ 35% 的工人往返于波特兰市中心(运送人数大约是菲尼克斯和盐湖城的两倍)。相比之下，1987 ~ 1997 年，进出市区的汽车数量是十分稳定的。

波特兰市民生活的开放性是强调团队合作的基础。公共生活围绕着一张大桌子展开。一些席位留给了民选官员和商界要人。但任何人都可以加入，只要他接受规则(礼貌很重要)，并且知道如何用中产阶级政策讨论的语言表达想法(目标是做“对城市有好处的事”)。一旦一个组织

或利益集团坐到谈判桌前，或在团队中，它就有机会影响政策结果。

即使是低收入住房和为无家可归者服务等不稳定的问题，也通过协商一致的政策得到了解决。无家可归者和低收入家庭的倡导者们在市政厅和市中心的会议室里不得不为争取到关注而斗争。然而，波特兰的风格是把已经取得关注的“行为良好”的倡导组织引入谈话中。一旦坐到谈判桌前，这些团体就可以以默许的态度，用长期土地再开发目标换取为低收入住房和社会服务的大量公共承诺。

一些具有代表性的例子说明了工作过程。20 世纪 80 年代，为波特兰市贫民窟居民提供服务的机构同意为用于建造伯恩赛德 / 老城区的收容所床位资金设置限额，作为回报，政府将对这片区域重新开发，并积极开展安置收容所和社会服务的项目。一位该组织中颇具号召力的维权人士拒绝签约，结果政府的资金很快断流了，而他自己则被报纸头条爆出了丑闻。相比之下，西北试点项目反映了低成本住房的流失并反复斥责城市在建设崭新的市中心的计划中忽视穷人的现象，但它也在波特兰进步主义的框架内采取行动，建立联合政府、基金会、企业和社会服务机构。1995 年，波特兰团体计划（Portland Organization Plan）这一民间组织向政府施压、希望市中心北部的河滨区设立保障性住房。当开发部门的领导层意识到这一组织的民粹力量具有强大号召力时，便迅速采取行动，将保障性住房纳入规划计划，并吸纳这一项目的倡导者一同参与规划。

图 29 “俄勒冈州波特兰市市长巴德·克拉克在他的办公室：揭露”（斯图·利维，明胶银印，1990 年，波特兰市视觉编年史）。巴德·克拉克是一位社区活动家，也是一位小企业主，他在 1984 年的市长选举中意外获胜。这次选举的胜利代表了选民偏爱中产阶级进步主义，而非现任总统弗兰克·吕西（Frank Ivancie）强硬的管理风格。斯图·利维的这张照片代表了克拉克旺盛的个性

然而，领导层吸纳的是与其意见相同的倡导者，并将波特兰团体计划这一民粹组织排除在外。通过这一方式，他们迎合了较低收入人群的诉求，避开了极度贫困的居民。在市中心还有一个公益性的青年保健诊所，这里无需预约，是街头青年的活动中心。它的根源在于 20 世纪 70 年代的另类组织，但最近它同意与“更严格”的由商业支持的机构分享县资金，从而在自身领域各司其职。在波特兰的背景下，所有这些逐渐增加的案例都被定义为包容性而非合作性。

到目前为止，戈德施密特的策略已经持续了近 30 年。市长弗兰克·吕安西（Frank Ivancie，1981 ~ 1984 年）曾是戈德施密特前任的行政助理，他加大了传统再开发的力度，但在多年的经济衰退中收效甚微。政治联盟由市长巴德·克拉克（Bud Clark，1985 ~ 1992 年）和维拉·卡茨（Vera Katz，1993 年 ~ ）维持。它得到了四名市专员中的大多数和蒙诺玛县委员会中许多成员的支持，他们中的许多人倾向于争夺进步创新者和共识构建者的头衔。

尽管政治上达成了共识，但并不是每个人都满意，因为很难在不破坏和激怒社区的情况下促进再开发和强化。中产阶级社区不喜欢因中转站街道上突然出现排屋和公寓而失去独栋住宅的特征。上了年纪的嬉皮士们担心波特兰时髦又独特的城市风格会在雅皮士手中逐渐丧失。社会地位较低的社区既担心难以承受的经济增长，也担心已被赶跑的地痞流氓会重回自己苦心经营的稳定家庭社区。这些社区在面对郊区化、机构投资减少、有时甚至公众忽视的情况下挣扎着维持他们的生存能力，即使是在中产阶级的波特兰繁荣发展的时候也不例外。一位美容院老板对轻轨扩建计划中可能出现的中产阶级不满："玛莎·斯图尔特（Martha Stewart）② 不住在这里。这是北波特兰。我们是蓝领，勤劳的人民。我们喜欢这样的社区。规划者们不明白这一点。"[22] 其他居民担心，按照 2040 年区域计划（见下文）（Region 2040 Plan），"城镇中心"和"主街"交通走廊的人口密度更高，将意味着新的低收入租户将把他们拉回来，就像他们击退“在波特兰被巧妙地隐藏起来的”城市衰落租户一样。一位北波特兰社区活动人士这样抱怨道。[23] 波特兰东南外围低收入社区的居民渴望得到重建资金，但他们想知道，这座城市的再开发计划是否会不可逆转地改变他们的低密度社区。[24]

问题的一部分在于关注数字目标而非设计，关注城市增长边界（UGB，将在下一节中更详细地描述）的位置，而不是内部发生了什么。20 世纪 90 年代初，住房建筑商帮助塞勒姆通过了立法，将城市发展边界内 20 年土地供应的规划目标变成了法定要求。在关注数字而非社区的压力下，规划机构已经从 2040 年的概念转向具体的分区改革，而没有采取社区愿景这一中间步骤。在采取这一措施的地区，居民们一直强烈支持增加密度，比如计划在好莱坞附近的商业中心重新开发 4 ~ 5 层，该商业中心在 1920 ~ 1950 年之间建成。

如此例所示，再开发面临良好设计的挑战。邻居们想要的是能让人感觉舒服的新建筑，而不是建在巨大车库上的排屋。波特兰市政府在 2000 年严厉禁止了新型带有大车库的“长鼻房”③（“在波特兰，房屋都是友好的。不然咱们走着瞧”《纽约时报》的头条写道）。建筑商抱怨说，这项禁令是又一项限制措施，不必要地抬高了新房成本，而其他批评人士则怀疑，在没有这种令人窒息的过度监管的环境下，是否有可能获得高质量的再开发。[25] 答案似乎是肯定的，因为在州长宜居奖的第五年，参赛人数和参赛质量都在不断增加。波特兰社区的赢家包括业主已住和出租单元，这些单元价格适中，与周围环境兼容。

溪流和树木的保护者也有抱怨的理由。20 世纪 90 年代中期，波特兰开始意识到，住房密度的增加将会消耗非建设用地和非正式空间，这些杂草丛生的空地是孩子们玩耍的地方，树木繁茂的山坡过去对发展来说过于陡峭。由于预计会有成千上万的新建住房被限制在城市范围内，许多居民担心将没有喘息的空间，眼睛无法得到休息。圣约翰斯社区（位于波特兰北部，以独立、工人阶级自豪感和市政厅对忽视的合理抱怨而闻名）剩余的公园用地的开发，使基层组织目标（社区稳定）与都市环境议程（限制城市扩张）之间产生了矛盾。波特兰西南部蒙诺玛的中产阶级社区居民反对在空地上修建排屋的计划，因为他们认为，这对该社区舒适、质朴的特色构成了威胁。

事实上，波特兰地区对其开放空间的类型和位置做出了深思熟虑的选择。区域增长计划为市区内引入了城市空地和开放空间。波特兰地区有许多人型公园和靠近中心的宽阔的溪流走廊（城市郊狼和郊区美洲狮共享这些空间，在 20 世纪 90 年代成为公众关注的焦点）。此外，1995 年选民向 Metro 机构发行了 1.36 亿美元的债券，以获得这个高度城市化地区内外的潜在公园用地。从最广泛的角度来看，紧凑的城市模式利用社区开放空间，以便更快地进入大城市以外的农村地区。

开放空间的数量并不是隐藏的问题，社会各阶层能否接触、享受这些开放空间才是问题所在。在用税收支付 Metro 债券时，人们是在为郊区的公园和保护区买单；在关注住房再开发问题时，人们是在保护距市区 15 英里外的农场和覆盖着林木的山坡。到 2000 年 6 月为止，Metro 已经获得了 5763 英亩的土地用于区域道路、绿道、自然保护区和公园。这样的空间对于徒步旅行者、山地自行车手和周末远足者来说非常棒。对于社区内的孩子和暑期青少年项目来说，它们的用处就没那么大了。

像大都会一样思考

在俄勒冈州的传奇故事中，没有什么比州长汤姆・麦考尔 1973 年 1 月激动人心的土地使用演说更令人难忘了。汤姆・麦考尔向州议会表示“无止境地掠夺土地对我们的环境和整个生活质量都有无耻的威胁。”他以西奥多・罗斯福的最佳方式，将愤怒的手指指向作恶者。“灌木丛中零碎的房区、对沿海地区土地开发的狂热，以及对威拉米特山谷郊区的疯狂开发，都威胁并嘲笑着俄勒冈州作为国家环境模范的地位……我们必须从这些浪费土地的混蛋手中保护俄勒冈州现在以及未来的利益。”[26]

这种语言具有批判性和个性化。这不是由非个人市场驱动的不可避免的土地转换过程。就像后来的阿摩司或耶利米一样，当麦考尔看见罪人时，他就认识他们。他的预言式的修辞带着《旧约》的清脆腔调，瞄准了歹徒（“浪费土地的混蛋”）的异常行为（“狂热”）。他援引的道德标准，在一个正确的世界里，会让作恶的人为自己的行为感到羞耻。就像在波特兰的尼尔·戈德施密特一样，麦考尔也声称并阐述了关于俄勒冈土地开发已经酝酿的一些想法——土地征用押金制、保护太平洋海滩的公众空间以及威拉米特河畔绿道。他的天赋与其说是设计新政策的能力，不如说是向公众推销这种想法的政治敏锐性——通过这种方式，向立法机构推销这种想法。

波特兰为都市政治的学生提供了在区域规划和政府方面创新的教科书范例。麦考尔留下的影响以及 Metro 这个全国唯一直接选举产生的地区性政府机构都起源于 20 世纪五六十年代，创建于 20 世纪 70 年代，经历了 20 世纪 90 年代的快速增长。它们既源自道德政治，也源自官僚机构的渐进式演变。

Metro 的建立始于 1957 年，同年，苏联发射了人类第一颗人造卫星“伴侣号”（Sputnik），雪佛兰推出了最经典的 1957 款车型，两侧带有华丽的尾翼。Metro 最初的前身是城市规划委员会，这是一个由各国政府组成的初步委员会，目的是让波特兰地区能够从联邦基金中获得部分地区规划资金。城市规划委员会编制了第一个区域性基础地图和土地利用清单，但（当然）没有一个城市或县政府真正希望它进行规划。

10 年后，这个脆弱的组织演变成了哥伦比亚地区政

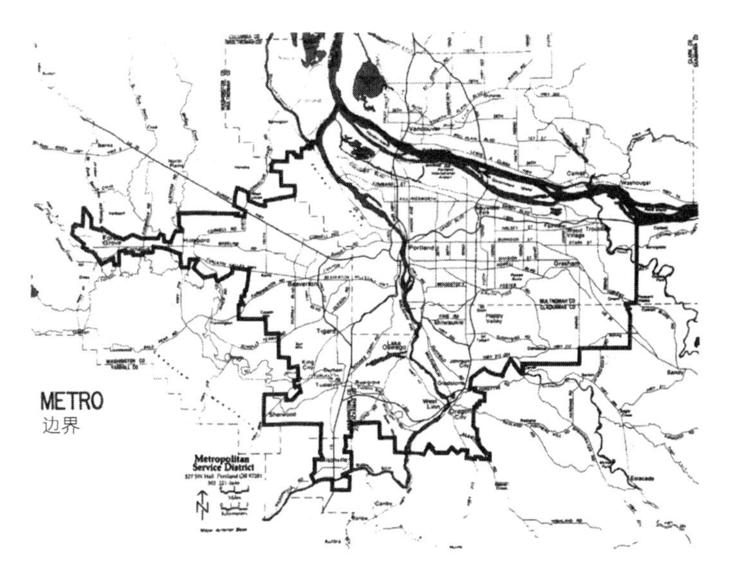

图 30　Metro 边界地图（Metro）。Metro 的边界是在 1978 年由立法和选民批准设立的。它覆盖了蒙诺玛、克拉克默斯和华盛顿等县相邻的城市化地区。Metro 固定管辖边界不同于 Metro 管理者灵活的城市增长边界

府协会（CRAG）。推动这一改革的研究委员会最初希望在迈阿密戴德县（Miami-Dade County）或多伦多都会（Metro Toronto）的模式上建立一个联邦自治市政府。当他们发现立法机构的支持为零时，只能退而求其次建立一个标准的政府委员会，覆盖 5 个区县和 31 个自治区。哥伦比亚地区政府协会存在所有政府协会的通病。它的资金来源是联邦政府和成员地区政府拨款，并不稳定。就像美国和联合国一样，地方政府在自身遇到困难时总是忘记把自己那一份拨款寄出去。郊区辖区尤其担心哥伦比亚地区政府协会不会在尼尔·戈德施密特强有力的领导下成为波特兰的代言人。然而，哥伦比亚地区政府协会在 1976 年的

一次全州范围的全民公投中幸存下来，这次公投将废除俄勒冈州所有的政府委员会。

提供区域服务方面的危机已经引起了机构创造力的爆发。1969 ~ 1970 年，大都会地区有了三个新的区域服务机构。其中一个是 Tri-Met 机构，是为了拯救失灵的公共汽车系统；第二是波特兰港，以巩固海运码头和机场的运营；第三个是大都会服务区（MSD），这是一个多功能的管理性组织，可以承担选民或立法机构愿意赋予它的服务职责。根据地区政治，它有可能成为一个空壳或强大的运营机构。1976 年 5 月，地方选民选择了大都会服务区，但该机构的规模很小。它计划在地区范围内进行固体废物处理（该计划有一小笔预算用于对废旧轮胎征税），并接管了华盛顿公园动物园（Washington Park Zoo）这个需要大量新投资的波特兰设施。波特兰在 1976 年将此动物园的管理权移交给大都会服务区，这样就可以通过发行地区性债券来改进。

最大的变化发生在 1978 年。美国国家公共行政学院（National Academy for Public Administration）通过住房和城市发展部的资金，对多级政府重组进行研究。由此产生的提议是将哥伦比亚地区政府协会的规划职能合并到大都市服务区（Metropolitan Service District）（因为后者的法律地位在 1970 年通过法规和明确的选民批准得到了稳固），并开始由选举产生的委员会来进行管理。研究委员会非常认真地对待同样在整个地区范围内服务的地方官员的抱怨，他们既要研究区域解决方案，又要回应他们所代表的当地社区的要求，这实在有些强人所难。该地区管理机构的直接选举，在报告中评价道“是最好的，也许是唯一的、确保一个民主的、反应灵敏的、负责任的和有效的地区政府的方法。”[27]

美国历史上的一个类比支持了这一观点。20 世纪 70 年代的哥伦比亚地区政府协会和大都会服务区董事会类似于 1778 ~ 1789 年《邦联条例》中无效的全国代表大会。根据这些条款，国会代表代表的是州而不是公民。这些条款的失败导致了联邦宪法的通过，根据该宪法，国会议员直接代表个人公民。支持者表示，如果宪法是一个好主意，那么建立一个新的 Metro 也是一个好主意。

Metro 最初的权力分配是由委员会和独立选举产生的行政官员来决定的，这样的安排是为了给行政官员一个政治基础来对抗强势的市长和县长。2000 年 11 月，选民们修改了宪法，规定 6 名议员由地区选举产生，1 名理事会主席由普通选举产生，1 名行政长官由任命产生。

1978 年 5 月，该地区的选民参加了投票，他们对这个新想法表示赞同，尽管一个以“废除哥伦比亚地区政府协会……”开始的选票标题总是留下一个挥之不去的问题，那就是选民是否确切知道他们投了什么票。自 1978 年以来，大都市服务区不断更新和改进（现在正式精简为“Metro”）已经发展起来。1990 年，全州选民通过了一项宪法修正案，允许 Metro 按照地方自治章程运作。两年后，地区选民就采纳了这样的宪章。实际上，这是 20 年来地方政府的第五次投票。《宪章》保留了独立选举产生的行政长官，将议员人数定为七人，重申了 Metro 的广泛服务职责，并明确和加强了规划权力。

Metro 现在为蒙诺玛、克拉克默斯和华盛顿县（这些县的边缘在其边界之外）的都市化地区的大约 130 万人提供服务。它负责区域固体废物规划和处置。它经营着俄勒冈动物园和前蒙诺玛县公园系统，目前正在收购数千英亩的未来公园和开放空间保护区。并通过一个半独立的大都市解说娱乐委员会（Metropolitan Exposition-Recreation Commission）监督俄勒冈会议中心、市中心表演艺术中心，以及几个较小的区域娱乐和会议设施。公共交通仍处于 Tri-Met 的管辖范围中，市政当局和特别行政区提供水和下水道服务。

虽然波特兰人从这些服务中获益，但他们更可能认为 Metro 是一个规划机构，其权力对其领土上的每个司法管辖区都有影响。Metro 被指定为城市规划组织（MPO），负责分配联邦交通资金。该机构还根据俄勒冈土地使用规划系统确定了波特兰地区城市增长边界，并负责定期审查和重新确定该边界。最后，Metro 有以宪章为基础的责任来定义对市县有约束力的区域规划目标和指导方针。

包括城市发展边界在内的波特兰地区规划是建立在俄勒冈州土地利用规划体系的基础上，这也是将波特兰与其他大都市区区分开来的第二个关键因素。1973 年，立法机构制定了由州土地保护和发展委员会（LCDC）管理的强制性规划计划。该法案通常被称为参议院法案 100，经受住了无数法律挑战和三次全州范围的全民公投。它要求俄勒冈州每一个市和县准备一个全面的计划，以回应一套全州范围的目标。这些计划为区域规划和其他具体规定提供了法律支持，LCDC 可以要求地方政府修改不符合国家目标的计划。因此，俄勒冈州以一种强有力的地方规划体系运作，在可执行的州方针范围内执行，以表达对公共利益的看法。

从起源和持续的政治力量来看，俄勒冈规划系统代表了另一个跨越威拉米特山谷城乡经济利益的持久联盟。俄勒冈之路移民最初的目标是，这个山谷里有该州最肥沃的农田、波特兰、塞勒姆和尤金这三个最大的城市，以及 70% 的人口。威拉米特谷的农民们发起了国家强制规划运动，旨在保护其生存环境和社区发展免受城市扩张和随意区域划分的影响，并防止由此带来的对农业生产的破坏性影响。林县共和党议员赫克托耳・麦克弗森（Hector Macpherson）回忆说，“当时，我是一个非常关心我周围发生的事情的奶农，因为房子在我周围移动”[28] 当这项措施在 1970 ~ 1973 年期间通过几个立法版本时，对加利福尼亚模式蔓延的恐惧以及成为尤金－西雅图走廊（Eugene-Seattle corridor）中的小型大都市区的可能性吸引了威拉米特谷市民参与立法联盟。

在 1973 年 1 月的演讲后，州长汤姆・麦考尔召集了不同的选区参加一些实际的政治活动。他不仅是一位预言家，而且还是一位老练的交易撮合者。他帮助巩固了由麦克弗森（Macpherson）和波特兰自由民主党人泰德·哈尔洛克（Ted Hallock）发起的立法联盟。他任命了一个特别委员会，负责对资源企业和建筑行业的立法推敲。最后其团队制定的土地使用措施得到了来自山谷所有地区的压倒性的立法支持，而最初来自俄勒冈州东部或沿海地区的支持非常少，因为那里的居民担心的是缺乏发展而不是过度发展。

从一开始，全州范围的目标就把旧的城市规划问题与新的环保主义联系起来。土地保护和发展项目迅速从一个为防止国家农业经济受到侵蚀的完全反应式的努力发展成一个塑造特定城市形式的积极尝试。有几个目标对于指导大都市增长具有特别重要的意义——目标 3 是保护耕地，目标 5 是保护开放空间，目标 10 是关于获得负担得起的住房，目标 11 是关于公共设施和服务的有序发展，目标 13 关于节能土地利用，目标 14 关于城市空间增长边界[④]（UGBs）的定义，以将城市化与农村土地分开。尽管与波特兰的城市规划计划有着很大的不同，州项目最终还是融合了城市学家、农业学家和环保倡导者的利益，并以一种反映和支持在大都市规模上类似联盟的方式进行了结合。25 年来，俄勒冈州农业局联合会、环保活动人士和波特兰的政客们一直是这个组织的坚定支持者。

经过五年的工作和听证，Metro 于 1979 年为波特兰地区制定了城市发展边界。据推测，在波特兰 UGB 内有占地 23.6 万英亩（369 平方英里）的可开发土地，可供城市进行 20 年的发展。像圣海伦斯（St. Helens）和纽伯格（Newberg）这样的偏远大都会社区也有自己的 UGB。其目的是通过提供“从农村到城市使用的有序和高效的过渡”来防止城市扩张。”在 UGB 内部，举证责任落在反对土地开发的人身上。如果要开发 UGB 范围外的土地，需要开发商证明该土地适用于其开发项目，并且无法做为资源用地和农业用地发挥价值，同时 UGB 内无法提供符合开发商要求的土地。波特兰和威拉米特谷其他城市周围的 UGB 创造了一个双重土地市场，为边界内外的土地分配不同的价值。[29]

UGB 与目标 10 规定的温和“公平分享”住房政策相结合，要求教资会内的每个司法管辖区提供“适当的土地类型和数量……适合于满足各收入阶层家庭住房需求的住房”。换句话说，城郊不允许通过排他性手段建设封闭孤立的住宅区，也不允许将本地区孤立起来进行建设，这是由涉及密尔沃基和欢乐谷郊区的法庭案件决定的。LCDC 系统通过限制大型偏远住宅区的投机性开发，倾向于为郊区开发创造公平的竞争环境，并以压倒性的政治影响力阻止郊区“超级开发商”的出现。在波特兰地区，土地保护发展委员会通过的一项住房规定要求，每个管辖区的空置住宅用地中，至少有一半用于附属单元房或公寓。到 1998 年和 1999 年，该地区 50% 的新住房是公寓和连排住宅，高于1992～1995年的35%。实际上，该规则是公平分享计划的温和版本，希望通过控制密度和城市形式来减少城市和郊区之间的社会经济差距。[30]

该委员会还通过了一项交通规则，要求城市规划区域内的地方政府规划土地使用和设施，到2016年实现人均汽车行驶里程减少10%，到2026年减少15%。这一规定与全国人均汽车里程的爆炸性增长背道而驰。这需要对土地使用模式和交通投资进行彻底的反思，包括鼓励对土地的混合、高密度使用，以及对公共交通和行人的反思。这使得当地的土地使用规划者和俄勒冈州运输部成为盟友，与此同时，联邦多式联运地面运输促进法案（Intermodal Surface Transportation Enhance Act）也促使公路建设者重新考虑他们的工作。

在这些框架内，波特兰市和主要教区城市围绕四幅轻轨系统计划制定了共同交通议程，形成了戈尔德施密特联盟和胡德山高速公路交易的合理扩展。20世纪80年代后期，波特兰地区的公民领导组织压下了组织薄弱的郊区制造商的反对意见，认为强大的公共交通应该成为区域发展的通用公理，而这些制造商更喜欢进行跨郊区道路改善工程。东部的格雷舍姆市以及西部的希尔斯伯勒和比弗顿认为，通往波特兰市中心的轻轨连接为二级活动中心提供了强大的发展潜力。随着加利福尼亚州沃尔纳特溪（Walnut Creek）和马里兰州贝塞斯达（Bethesda）的愿景在未来闪闪发光，这些社区的领导者已经选择在径向运输线上扮

图 31　轻轨（宜居俄勒冈州公司）。一列轻轨列车经过先锋法院广场，这是 20 世纪 80 年代建成的东线和 20 世纪 90 年代建成的西线的中心点

演外围锚，而不是在环形路上作为珠子。用比弗顿市长罗伯·德雷克（Rob Drake）在 1997 年的话来说，“对比弗顿有利的事情对波特兰亦有利。反之亦然。”[31]

该地区的轻轨系统（MAX，都市圈快车）始于 1986 年的东线。1998 年，一条长达 18 英里的西侧铁路开通了，这条穿越西山的隧道深得惊人，造价昂贵。然而，南北路线一直存在问题。1995 年，俄勒冈州三个县的选民批准了一条从克拉克默斯县穿过哥伦比亚市中心到克拉克县的铁路线，但遭到了克拉克县选民的反对，迫使该项目重新回到投票中。尽管俄勒冈人认为轻轨对于“环保的反扩张政策”至关重要，[32] 但选民们在 1996 年全州范围内否决了一项全州唯一的南北铁路建设计划（尽管该州周围的高速公路项目附加了优惠条件）。1998 年，三县的选民以微弱

图 32 “西城轻轨 8 号”（帕特里克 · 斯特恩斯，明胶银印，1995 年，波特兰视觉编年史）。20 世纪 90 年代的西区轻轨项目比 20 世纪 80 年代的东区项目复杂得多。工程师们决定通过在地下 320 英尺开挖两条 3 英里长的隧道解决西山区的屏障问题。帕特里克 · 斯特恩斯（Patrick Stearns）拍摄的这张照片显示了 1995 年正在建造的管道的一部分

优势否决了一项建设北线的地方融资方案。目前尚不清楚的南北轻轨引发的问题代表城市与郊区地区的分离还是联合，因为这些问题互不相关：克拉克默斯县政治内斗的余波，普遍存在的反消费情绪，对可能被解读为反农村的环境导向型投票措施的反应，对轨道交通投资效率性的再思考等等。南北轻轨的支持者对以上问题的半数以上有不满

情绪，或者也可以说，全都不满意。然而，一条通往机场的支线还是投入了建设，使用的资金来自城市、Tri-Met、航空费用，以及柏克德公司（Bechtel Corporation）的大量私人捐款。柏克德公司在该支线沿线拥有一座工业园。此外，在不需要选民批准新债券或新税收的情况下，一条6英里长的北波特兰线可能会被缩减。

以国家土地保护和发展委员会系统为框架，从20世纪90年代早期开始，波特兰人就城市发展和形式展开了一场漫长而明智的辩论。Metro工作人员在1988年意识到，虽然波特兰地区的城市增长边界需要定期审查，并且预计会增加UGB的扩张，但目前还没有确定的修改波特

图33 悉达山丘市的琳达（亚琴·厄汗饰）。琳达·约翰逊（Linda Johnson）在华盛顿县的城市发展边界处摆造型，作为她“跨越边界：从这里看风景”表演的一部分。通过在城市发展边界沿线的6个地点分别花36个小时——“在边界沿线寻找、标记和生活”——约翰逊给出了城市和国家之间无形的分界线的有形形式

兰地区城市增长边界的程序。经济复苏和快速增长的移民使这一任务更加紧迫。该机构为四个核心县的 100 多万居民实施了“区域 2040”计划。这一过程包括住宅建筑商、商业地产利益集团以及增长管理倡导者。它还改变了政府的想法，一开始是为了搞清楚在多大程度上扩大 UGB，而结束时变成了讨论如何最好地限制其扩张。

UGB 甚至吸引了艺术家的注意，这在土地使用条例中肯定是罕见的。舞蹈演员兼表演艺术家琳达·k·约翰逊（Linda K. Johnson）1999 年在生长边界的 6 个不同地点设立了一个为期 36 小时的营地，在帐篷里生活，帐篷里有一台电视机，还有玛莎·斯图尔特（Martha Stewart）公司生产的盘子和被褥。她很快就用与游客的直接交谈取代了她的专业舞蹈编排，从雅皮士、学童、建筑工人和建筑师那里获得了意见。从由此产生的“郊区静物生活”中，人们对 UGB 影响“我们生活方式中每一个独立的方面……例如交通、教育、税收、我们对住房和建筑的渴望”有着崭新的、深刻的理解。对于约翰逊和其他许多波特兰人来说，增长的边界已经变成了“一个不同的取景器，可以将这座城市看透”。[33]

诗人朱迪思·伯克（Judith Berck）在《推动波特兰的城市发展边界》（Driving Portland's Urban Growth Boundary）中也思考着 UGB 在视觉和概念上的紧张关系。

道路的左边是一座建筑框架，

方方正正，由钢梁支撑。每隔一秒就打入一颗新的栓钉，增加它的强度，为使用头脑制造机器的人，建起这栋大厦

无数的日元和白领工人的希冀为它添砖加瓦。

道路的右边也有这样一座框架，棕色的梁四处腐烂，

每经过一场暴风雨，就会更贴近地面。

它向下挤压着高草草原，

那里曾是母马、黑羊的家，是干草曾青翠过的盛夏。

你可以透过建筑的肋骨，看到肆意生长的芦笋和榛子树，

它们曾由人类的手播种，现在则由这建筑种下。

我开车行驶于这条道路，不曾后退，也未曾到达。[34]

Metro 理事会于 1994 年 12 月通过了区域 2040 年增长概念，概述了为适应未来半个世纪的预期增长而制定的广泛的空间目标。该文件通过提议将新的就业机会和住房集中在波特兰市中心、城市和郊区中心以及交通走廊，与国家对紧凑城市的专业信念相一致；确定永久留在 UGB 之外的农村保护区（包括农地和林地以及显著的自然特征）；通过使交通改善与土地使用目标相适应。2040 年计划预计波特兰中部、6 个区域增长中心和交通走廊沿线的人口密度将大幅增加。

Metro 随后又采取了两项官僚措施。1996 年 10 月，它通过了一项城市增长管理职能计划，计划到 2017 年在城市增长边界内分配近 50 万新居民和预期的就业机会。

随后，这一目标也成为 1997 年 12 月该组织通过的宪章授权全面区域框架计划的一部分。根据 Metro 1992 年的宪章，地方政府必须修改自己的区划和土地使用条例，以实施“功能规划”。[35] 其中，格雷舍姆、希尔斯伯勒和比弗顿预计将有 4.7 万套新住房，波特兰预计有 7 万套，生动地展示了紧凑型增长的城市－郊区联盟的实力。1998 年 12 月，尽管随后的法庭判决重新讨论了是否所有 3500 英亩的土地都是适合的，该机构在最后期限前将 3500 英亩的土地纳入 UGB。Metro 预计，扩建后的住宅和公寓将容纳 2.3 万套，就业岗位将达到 1.4 万个。1999 年又增加了 377 英亩。

人口普查数据显示，密集发展的土地数量表明 UGB 正在发挥作用。在 1950 年到 1970 年之间，也就是汽车郊区化的前 20 年，城市化的土地面积激增，而平均人口密度下降了三分之一。1970 年至 1980 年，分区边界继续迅速扩大，但平均密度的下降速度明显减慢。自 1979 年设立城市发展边界以来，已开发土地的面积增长缓慢得多，平均住宅密度的下降趋势实际上发生了逆转。从 1980 年到 1994 年，大城市人口增加了 25%，但用于城市用途的土地只增加了 16%。相比之下，从 1970 年到 1990 年，芝加哥地区的人口增长了 4%，但城市化的土地却增加了 46%。1994 年，波特兰地区以每英亩 5 个居住单元的密度建造新住房。到 1998 年，新开发的住宅密度平均为每英亩 8 套，实际上超过了 2040 年的计划目标。1998

年的平均新地段面积为 6200 平方英尺，低于 1978 年的 12800 平方英尺。[36]

正如波特兰市中心可以被视为当代发展项目的活博物馆一样，20 世纪 90 年代的社区和郊区正在成为建筑师安德烈斯・杜尼（Andres Duany）、彼得・卡尔索普（Peter Calthorpe）与新城市主义大会（Congress for the new urbanism）等其他成员合作的新传统规划的公开目录。在较老的地区，有一些成功的例子，就是在沿街的零售空间上，新建公寓楼的街区被成功填满。东侧是费尔维尤村（Fairview Village），这是一个新传统的开发项目，在小地块上有单户住宅、商业中心，还有专门的行人和自行车道。在西侧，奥伦克街区是在轻轨车站周围进行密集使用规划的最佳范例；在扩建后，该地区将建有 436 幢独栋家庭住宅、1400 套公寓楼、一个社区中心以及众多阁楼公寓，公寓的一层用作门市店。时间将告诉我们，目前强劲的市场将吸收多少这样的发展。

尽管加快了建设速度并采取了新传统的政策，20 世纪 90 年代末的波特兰对新住户和工薪家庭来说仍是紧缩型的住房市场。总体而言，住房价格在 20 世纪 70 年代迅速上涨，在 20 世纪 80 年代中期俄勒冈州长期衰退期间下降，但在 20 世纪 90 年代迅速恢复和上涨。哈佛大学住房研究联合中心（Joint Center for Housing Studies）的数据显示，以定值美元计算，波特兰地区一套独栋住宅的售价中值从 1988 年到 1995 年上涨了 50%，最终超过了 1979 年的历史高点。[37] 在接下来的几年里，房价持续快速上涨，但在 1999 年和 2000 年有所放缓。

紧俏的房地产市场也为以前被低估的社区带来了新的买家。20 世纪 90 年代初，波特兰东部不那么热门的中产阶级社区与西部社区的房价差距缩小了很多。到 20 世纪 90 年代中期，有购房意愿的家庭和房地产业投机者开始把目光投向以前曾忽视的住有工人阶级和多种族居民的社区，而那里的廉价房源正被买家哄抢一空。波特兰东北部一位退休的食品检验员对俄勒冈记者评论道："这是镇上人们谈论的话题，人们过来买下这些房子。你看这些买房的人。他们不是黑人。我还以为你们太害怕了，不敢到这一带来。"[38]

增长管理的支持者和市场不受约束的支持者可以在许多事实上达成一致，但却无法在成因上达成一致。大都会住宅建筑商协会（Metropolitan Home Builders Association）和市场倡导者辩称，城市增长边界过窄，人为地限制了土地供应，推高了未开发土地的价格，对房价造成了严重后果。城市增长管理者们，尤其是 Metro 认为，最根本的问题是，波特兰享受繁荣时期，需求激增，以及 20 世纪 90 年代初加利福尼亚州移民潮带来的一次性资本流入，可能会在房地产市场造成投机性的"冲击"。他们援引城市土地研究所（Urban Land Institute）的数据称，从阿尔伯克基（Albuquerque）到印第安纳波利斯，再到夏洛特（Charlotte），波特兰 1990 年至 1995 年住宅用地价格的上涨，与许多类似城市的涨幅是一致的；在 20 世纪 90 年代后期，增长速度低于丹佛、凤凰城和盐湖城等无界城市。湾区经济学家在 1999 年的一份分析报告中指出，波特兰的房价仍低于大多数西海岸大都会地区的房价，这表明，相互竞争的大都会住宅市场一直在走向均衡。信奉契约的波特兰人还认为，UGB 的扩张充其量只是一种暂时的修复，因为这种扩张释放了许多土地，用于大型地块开发。他们借用全国关于城市扩张成本的文献，认为紧凑城市通过降低基础设施成本和鼓励小型地块开发、城市填充⑤、连排住宅建设来提高城市容量。[39]

毫无疑问，保持一个紧缩的增长边界，能够通过中断对保障性住房的涓滴政策⑥来维护工薪阶层住房拥有者的公平。传统上，我们认为房地产市场就像一个大型旧货店。收入较高的家庭为了寻找更新更大的房子，会离开那些虽然有些破旧但非常好的社区，使这些小区的经济地位降低。这一过程使一些保障性住房得以提供，但除了总需求非常高的情况外，它还往往使工薪阶层社区贬值。事实上，作为工薪阶级的资本积累战略，这种涓滴政策严重削弱了房屋所有权。由于紧缩的城市增长边界，波特兰地区不太可能为新家庭提供廉价住房，但也不太可能削弱许多工人阶级和中产阶级家庭的投资。

在这些相互竞争的评价背后是不同的分析前提和对美好城市的不同看法。市场反对 UGB（也反对轻轨）的论点是泛泛的，是基于理论的，声称“这就是它的运作方式”。

随着波特兰吸收了更多没有“俄勒冈”价值观的外来者，这种论点变得更加突出。“波特兰方式”的辩护者强调当地环境的重要性和地方的特殊有效性；例如，他们会否认波特兰会在公共汽车服务上进行灾难性的投资，而这种投资曾在 20 世纪 90 年代使洛杉矶遭遇重创。由于每个家庭在选择住房时都会租下或购买一个社区内的独幢住宅抑或是连排住宅中的一户，倡导紧凑型 UGB 的人可以声称，紧凑性通过新传统模式促进更多的“真正的社区”，从而提高了住宅小区的价值。那些主张加速扩张的人则反驳说，严格的 UGB 有效地阻止了大型地段的细分，这限制了消费者的选择。

较贫穷的居民可能从两方面受益于有限的增长。俄勒冈州土地使用规划系统对住房的要求使出租住房非常便宜。向租赁建筑的倾斜，满足了许多小户型的需求，而新公寓的大量供应也使得租金相对较低。1999 年年底，波特兰市场一居室公寓的平均租金是美国平均水平的 87%。20 世纪 90 年代，平均公寓租金只上涨了 33%；经通货膨胀因素调整后，增长率仅为 5%。[40]

紧凑的发展通过减少搬迁支持旧工业区和仓库区的生存。20 世纪 90 年代，Metro 报告称，37% 的新工作岗位位于重建工地。其结果是改善了困扰许多城市的就业和住房不匹配问题。它还有助于保留一些前卫、坚定、时髦和廉价的空间，这对经济和文化创新来说非常重要。

如果紧凑的城市形式的社会影响是有争议的，那么几乎没有人认为它有利于未开发的景观和自然系统。生长边界内1.3万英亩的农田中，大部分都注定要被开发，因为沿着哥伦比亚河泛滥平原的浆果田和蔬菜农场种植着丰饶的作物，这些作物像是倾斜的柔性建筑，而麦田则变成了小块。但是目前的土地利用计划，在《濒危物种法》（Endangered Species Act）的推动下，保护了城市的自然环境，例如陡峭山坡的开放空间、柳树丛生的溪流边缘，以及溪流和湿地相互联系的生态系统。波特兰增长管理中环境倡导者的兴趣与影响LCDC起源的物理极限密切相关，因为郊区边境和西北森林边缘之间的城市化土地相对较少。因此，环保组织强烈支持城市紧凑化，并倾向于城市的社会和文化价值。

一个具有代表性的问题是西侧旁路计划（West Side Bypass），在前一节曾简要提到过。这条旁路是为满足快速发展的华盛顿县的横向运输需要而建立的六分之一环向公路。该县的电子工业发展强劲。州交通官员也支持这条旁路。但预计这会遭到环保人士的反对，他们对任何公路系统的扩建都感到不满，认为这是在促进以汽车为中心的生活方式。其他反对者特别担心，这条旁路会穿过UGB以外的农村土地，将不可避免地助长城市无计划扩张。

"1000个俄勒冈之友"（1000 Friends of Oregon）是来自俄勒冈州的坚定的土地使用规划的倡导者，他们率先提出了环境和规划批评。它将旁路作为国家资助的1996 LUTRAQ研究（土地使用、交通、空气质量连接）的案例研究。LUTRAQ 扩展了城市扩张成本，分析了城市形式对空气质量和汽车使用的影响——结果支持紧凑的以交通为导向的发展。在几年的时间里，草根和专家的反对意见改变了交通规划辩论的条款，给高速公路的建设加上了恶名，用“1000 个朋友”中基思·巴塞洛缪（Keith Bartholomew）的话来说，这条高速公路“只不过是一个价值 300 多亿美元的废话、是社区破坏者和是城市增长边界的破坏者”。[41] 不断上升的政治成本让县和州选举官员都不喜欢这条旁道，俄勒冈运输部（Oregon Department of Transportation）在 1995 年 9 月扼杀了这个想法。

到 20 世纪 90 年代，波特兰和郊区的大多数居民都对大都市有一个基本的看法，那就是“非洛杉矶”和“非西雅图”。（即使他们对这些地方的描绘可能是不切实际的）。他们一致认为，避免其西海岸邻国的交通拥堵和无休止划分的最佳方式，是在城市增长边界的约束下支持相对紧凑的土地开发。1994 年，Metro 收到了 17000 份关于区域规划问题的邮寄问卷。一半的回复包括额外的书面评论。反馈强烈支持更高的密度、更小的地块和以运输为导向的开发。

拥有 10000 名居民的波特兰地区城市，2000 年　　表 5

波特兰	513325	图拉丁	22535
温哥华	137500	密尔沃基	20250

续表

格雷舍姆	86430	纽伯格	18275
希尔斯伯勒	72630	福里斯特格罗夫	17130
比弗顿	70230	特劳特代尔	14300
泰格德	38835	威尔逊维尔	13615
莱克奥斯韦戈	34305	坎比	13170
麦克明维尔	25250	格拉德斯通	12020
俄勒冈市	24940	卡默斯	11350
西林恩	23380	舍伍德	10815

这一共识是由一系列“良好规划”和环境组织促成的，这些组织受益于高水平的公众意识，并以区域观点看待增长管理。是奥杜邦学会（Audubon Society）、1000 个俄勒冈之友、宜居俄勒冈（Livable Oregon）、STOP（人们的明智的交通选择）、宜居未来联盟（Coalition for a Livable Future），以及都市住宅建造者协会（Metropolitan Home Builders Association）是当地代表性和领导性的组织。在波特兰的模式下，这些团体对大都市的发展规划发表意见，施加压力，利用理性的分析和教育去动员市民采取监管措施，避免城市扩张。

然而，在郊区社区中存在着大量的异议（见表 5 郊区人口）。比弗顿和格雷舍姆可能已经签署了 2040 年的议程，但该市南部和西南部的几个纯粹的中产阶级郊区不希望被大量单一家庭的发展“治愈”。和全国其他地方的居民一样，密尔沃基（人口 2 万）、西林恩（West Linn，2.3

万）和泰格德（Tigard，3.9 万）的许多居民既担心当地的环境成本，也担心契约增长的社会多样化。密尔沃基的选民召回了几名市议会议员，因为他们支持轻轨和 2040 年的住房目标。西林恩市议会成员约翰·杰克利（John Jackley）在 1996 年抱怨道：“Metro 规划者们抱怨郊区的样子就好像他们是一种疾病，他们竭尽全力地用他们的‘城中村’概念、功能规划和密度规定来规划我们。”市长反对说，2040 年的计划阻止了大量的、高档的开发项目和其他“泰格德一直有机会提供的生活方式”。[42]

2000 年 5 月举行的地方政府初选，很好地反映了公众的态度。提倡积极实施 2040 年目标的候选人在该市获得了决定性的支持。相比之下，在华盛顿县，一位自称“增长经理”的 Metro 议员候选人勉强击败了一位提倡“让郊区保持其本色”的候选人。

20 世纪 90 年代，大都市政治斗争通常围绕着政策边缘展开。大都会住宅建筑商协会（Metropolitan Home Builders Association）抱怨的是增长管理规定的细节，而不是概念。反过来，这种共识已经广泛到足以吸引州长约翰·基扎伯（John Kitzhaber）等关键州领导人的支持。然而，2000 年 11 月，俄勒冈州的人们给增长管理带来了冲击。54% 的人投票通过了第七项措施（Measure 7），这是一项州宪法修正案，要求州政府和地方政府在公共法规降低土地所有者财产价值的情况下对其进行补偿。该法案免除了旨在减少麻烦的法令和联邦政府要求的法令，但这一承诺会为大多数环境和土地使用法规增加巨大成本。这项措施的全部意义要等到它的反对者和拥护者彻底提起诉讼后才能知晓，但它有潜力挖掘出许多保护自然景观和城市景观的潜力，正是这些保护使俄勒冈州与众不同。

像生态区域一样表达

1938 年 7 月 15 日，路易斯·芒福德（Lewis Mumford）在波特兰城市俱乐部（Portland City Club）上谈到“重建我们的城市”。芒福德的标志性著作《城市文化》（The Culture of Cities）在媒体上引起了热议，他那一年还出现在《时代》（Time）杂志的封面上。他是应西北地区委员会（Northwest Regional Council）的邀请来到波特兰的。西北地区委员会是洛克菲勒基金会（Rockefeller Foundation）资助的一个私人组织，旨在倡导地区规划和经济发展。其学术委员会和新交易商希望他“观察并批判性地评估该地区的增长和发展”。

在他的午餐演讲过程中，芒福德发出了一个响亮的挑战，波特兰人仍在引用他的话（就像他们引用汤姆·麦考尔（Tom McCall）1973 年的演讲一样）:

重建我们的城市将是下一代的主要任务之一。在追逐个人利益的同时，这项任务所必需的合作精神却无法发展……从麦肯齐河到波特兰这三天来，我在俄勒冈州这片美丽的土地看到了许多风景秀丽的乡村，但我从没见过比这里更吸引人的地方了。我从哥伦比亚河高速公路上看到的景色把我迷住了。它是世界上最伟大的城市之一。这里是文明的最高基础，我要问你一个你可能不喜欢的问题。你有资格拥有这片土地吗？你们是否有足够的智慧、想象力和合作来充分利用这些机会？在提供这些发展 [水力发电] 的同时，你有机会在这里做一件世界上没有的城市规划工作。俄勒冈州是美国最后几个自然资源基本完好无损的地方之一。你有足够的智慧来明智地使用它们吗？[43]

在这番劝诫的背后是芒福德对一种特定地方景观的偏爱。他想要说服波特兰人遵循美国地区规划协会(Regional Planning Association of America) 的规定，将增长分散到一个以城市为中心的中等规模社区网络中，同时防止城市本身的过度增长。他担心来自博讷维尔的电力可能会使哥伦比亚河峡谷本身工业化，或者把波特兰变成另一个匹兹堡。他的解决方案是区域规划、遏制城市扩张，以及在较小的卫星城实现就业和住房的平衡。

如今，波特兰人觉得这种愿景鼓舞人心，芒福德自己也成了一块试金石，奥杜邦协会（Audubon Society）的迈克 · 胡克（Mike Houck）和波特兰州立大学的伊森 · 塞尔策（Ethan Seltzer）等规划和环保人士都引用了这句话。然而，城市和地区刚刚开始在三郡核心区和大区域之间建立制度联系。美国人口普查局发现，经济互动将 8 个县的 200 万人联系在一起，形成了一个名为波特兰 - 塞勒姆联合大都会统计区的社区，但实地考察的人发现，这种联系并不强硬。尽管有大城市周边地区和核心县之间的通勤统计数据，但许多边远社区的成员并不愿意招募新成员。与芝加哥或费城相比，波特兰算是一个温和的城市，但对该地区的许多人来说，它是一个令人不快甚至恐惧的地方——一个危险的大城市，它吸引着年轻人和易受影响的人，并表达了山区思想和进步核心的文化差异。波特兰小说家凯瑟琳·邓恩（Katherine Dunn）回忆起20世纪60年代初的魅力：

> 那时我还是一个少年，经常两眼发直，书生气十足，住在离公路20英里远的一个小村子里。我所逃向的城市就是波特兰，一个众人向往之地，充斥着险恶与令人兴奋的事物。周六的晚上，我会借走父亲的车钥匙，开车去那里探索生活的奥秘。我的心像小偷一样怦怦直跳，我迫不及待地想亲眼看看一个乡下孩子所称为c-i-t-y的可怕事物：犯罪、污垢、危险和艺术、黑社会的光荣史……波特兰给了我想要的东西……我趴在纹身店的橱窗上，典当行从地下室的小酒馆里传出来的爵士乐章，还有桌球房开着的门外传来的弹子声，这些都是黑暗冒险的主题音乐。[44]

这种社会距离表明，与波特兰相比，边远地区更容易识别与经济基础上的CMSA重叠的较大地形区域。哥伦比亚县的许多人认为，他们与华盛顿州的朗维尤（Longview）和卡斯拉梅特（Cathlamet）以及俄勒冈州的阿斯托里亚（Astoria）等下游城镇有更多的共同点。当20世纪80年代人口普查将它添加到大都会波特兰时，亚姆希尔县（Yamhill）感到恐慌，同时它也很容易与塞勒姆及其周边威拉米特谷的农场社区有关联。华盛顿州克拉克县依赖于波特兰的就业机会，但面临自身的经济增长问题时，却指望着华盛顿州的立法者和奥林匹亚（Olympia）官员。

克拉克县实际上是波特兰小规划的秘密。近年来，它一直是都市圈发展最快的部分。不受俄勒冈州严格的土地使用制度的束缚，克拉克县已经成为一个安全阀，为喜欢低密度郊区模式的居民和建筑商提供了一个方便的位置。经过10年的繁荣期，经济增长刚刚开始放缓，但人们已经感受到了来自华盛顿州增长条例的影响。

事实上，克拉克县的发展模式日益受到华盛顿州《增长管理法》的限制。该法案于1990年通过，并于1991年修订，对该州大型快速发展的县是强制性的。在俄勒冈系统中，尽管华盛顿州在改变地方计划内容方面的权力有限，但是克拉克县仍被要求制定一个以回应全州目标的计划，该计划包括建立城市服务边界。由于华盛顿州系统仍在全面实施，其影响是不可预测的。克拉克县内部的有关过度开发的大量政治冲突和基础设施将温哥华这个古老的城市、迅速城市化的地区和农村地区分隔开来。有利于紧凑发展模式的法规有可能将增长压力转移到俄勒冈州，并使2040年计划的得失复杂化。

波特兰人往南看，将会看到绵延1英里的威拉米特河谷:4000平方英里的谷底和8000平方英里的丘陵和山坡。

早期殖民者将威拉米特拼写为 Walamut、Wallament 和 Walla Matte，当美国早期殖民者沿着俄勒冈小径蜂拥而至的时候，这条小河才有了现代的拼写（由中尉查尔斯·威尔克斯提出）——Willamette。从 19 世纪 50 年代起，这个河谷就与波特兰相连，先是蒸汽船，然后是铁路和公路，这些铁路和公路都依附在山脚下，以保持良好的排水系统，以前的路线有俄勒冈 99W 和俄勒冈 213。

河谷中的联合行动集中在河流本身。20 世纪初，数十家罐头工厂、乳品厂、毛纺厂和纸浆厂将有机废物倾倒进这条河及其支流。城镇将未经处理的污水倾倒入河流中。1919 年的一项严格的反污染法没有得到执行，导致下游河流和波特兰港被“严重污染”。

1937 年，俄勒冈规划委员会（Oregon Planning Board）评估威拉米特河谷状况时，发现了一个“经济不发达地区”。[45] 河谷中稀少的人口没有充分利用其土壤和资源。只有三分之一的农场有电。侵蚀和污染正在破坏基础工业。和哥伦比亚一样，解决办法是修建大坝。规划委员会赞同工兵部队为上游支流的 7 个主要水库制定“协调用水计划”。大坝将通过减少洪水来鼓励农业；它们将稀释污染，并为经济发展提供水力发电。事实上，从二战开始到 1970 年，大坝及其发电使威拉米特河谷的人口翻了一番。在 20 世纪六七十年代（如第 1 章所述），政府采取了进一步的措施清理这条河。

在波特兰和河谷之间很难找到政治和社会联系。1973

年通过的土地使用立法涉及城市国家联盟，但河谷农民的目标是阻止波特兰。1996 年，州长创建了威拉米特谷宜居论坛，让公共和私人部门思考共同的问题。由于没有监管权力，仅仅有一个“为提高威拉米特河谷宜居性而创造和促进共同愿景”的口头授权，它的低调可想而知。[46]1999 年的报告《未来的选择：威拉米特河谷》是根据 1972 年劳伦斯·哈尔普林（Lawrence Halprin）的报告改编的，但其影响要小得多。当地市场和地方政府组织将这个河谷分成了以尤金（Eugene）、科瓦利斯－奥尔巴尼（Corvallis-Albany）、塞勒姆和波特兰为中心的东西区域。

事实上，波特兰和农业河谷的分离就像美国的殖民地一样古老，它建立了一种文化张力，在俄勒冈政策辩论的背后仍然可以瞥见。新英格兰和纽约的商人和企业家主导了早期的贸易城镇，打着公理会和长老会的幌子。来自密苏里州、伊利诺伊州、田纳西州和密西西比河谷中部其他州的农场家庭同时给草原和丘陵地带带来了自给自足的生活。他们的利益是相互的，但又截然不同。城市需要农民作为消费者和出口来源；农民需要镇民进入遥远的市场，但他们对港口土地业务的利润大幅上升深感不满。农民们借用南方人的名字命名他们的县：弗吉尼亚州的乔治·华盛顿、密苏里州的路易斯·林恩和托马斯·H·本顿、田纳西州的詹姆斯·波尔克、南卡罗来纳州的弗朗西斯·马里恩。这些城镇借用了东北部的名字——奥尔巴尼、代顿、蒙茅斯、塞勒姆、洛厄尔、斯普林菲尔德——或援引友好、独立、崇高的美德。波特兰市的名字借用了缅因州的波特兰市，而不是马萨诸塞州的波士顿。

人们同样难以为大都会波特兰和南部哥伦比亚地区的老农场森林渔业社区创造共同目标，20 世纪 20 年代，繁荣时期结束了。巨大的集装箱船、原木船和笨拙的日本汽车运输在哥伦比亚河口和庞德河上游行驶到朗维尤、波特兰和温哥华，唯独忽略了俄勒冈州的阿斯托里亚和华盛顿州的卡斯拉梅特。南部哥伦比亚的未来看起来像是大都市荫蔽下的旅游业和小规模的生态敏感产业。

人们目前正在努力建立新的区域联系。Ecotrust 是一家总部位于波特兰、致力于可持续发展，致力于河口附近社区项目的组织。俄勒冈州和华盛顿州的州长在 1999 年 10 月宣布了一项南部哥伦比亚管理计划，该计划的主要目的是加强潮汐河的管理，流域覆盖了博讷维尔水坝到太平洋全长 146 英里的范围。环保组织、地方政府和行业协会已经签署了一项湿地恢复、海岸线保护和减少河流污染的计划，该计划覆盖其周边 4300 平方英里的区域。这两名州长都是民主党人，计划是自愿的，濒危物种法案也被涉及。这些努力是否能帮助当地居民关心南部哥伦比亚地区还有待考究。

一个更强大的机构是哥伦比亚河峡谷国家风景区（Columbia River Gorge National Scenic Area），它正式将波特兰与其腹地连接起来，并试图将都市利益与乡村利益融合在一个单一的管理过程中。峡谷本身是一个穿过山脉和喀斯喀特山脉熔岩流的一个 75 英里长的缺口。从达拉斯到波特兰东郊，哥伦比亚河在俄勒冈州胡德山北侧和华盛顿亚当斯山（Mount Adams）南侧之间开辟了一条通道。数百万年来，这条河流通过连续不断的抬升和熔岩流出，磨损了它的通道。在 16000 年到 12800 年之前，高耸的冰川融水多次穿过峡谷，才形成了现在的地貌。

作为从美国和加拿大边境到加利福尼亚州南部的唯一一条通过喀斯喀特山脉和内华达山脉的接近海平面的通道，这个峡谷一直是当地人、毛皮商人、蒸汽船、铁路、驳船、卡车司机和汽车的重要运输动脉。这是一个历史资源丰富的地区，在俄勒冈州和华盛顿州的部分地区，大约有 6 万人居住在这里，他们中有来自芬兰和斯堪的纳维亚的混合家庭，有第三代日裔美国人，有墨西哥果园工人和冲浪爱好者。这不是一个原始的环境。近两个世纪以来，美国商人和移民通过伐木、捕鱼和农业极大地改变了这里的自然环境。美国人在博讷维尔和达拉斯河上修建了水坝，在河岸上开辟了道路和铁路，并几乎消灭了鲑鱼的洄游。没有任何一种自然资源能以路易斯和克拉克时代的形式存在。然而，正如路易斯·芒福德所指出的那样，这个峡谷仍然是一个视觉上令人惊叹的景观，陡峭的绿色山脉从 4000 英尺高的河边升起，数十条瀑布从高高的高原和山坡上倾泻而下。

19 世纪后期，波特兰人开始通过蒸汽船旅行和露营

图 34 哥伦比亚河高速公路（俄勒冈历史学会第 52910 号）。建于 1915 年，哥伦比亚河高速公路是为商业和娱乐而设计的。工程师萨姆·兰开斯特（Sam Lancaster）调整了这条高速公路的景观，并允许来自波特兰的汽车进入哥伦比亚河峡谷

探险来欣赏哥伦比亚峡谷的景色。历史学家弗朗西丝·富勒·维克多（Frances Fuller Victor）在《1891》一书中写道："在这里，惊奇、好奇和钦佩交织在一起，激起人们的敬畏和喜悦之情。"[47] 随着 20 世纪 10 年代从波特兰到达拉斯的哥伦比亚河高速公路的竣工，蒸汽船被汽车旅游业所取代。在 1-84 的车流中，部分路段仍然被用作风景小路或徒步自行车道。

1986 年联邦立法创建国家风景区（National Scenic Area），反映了波特兰人围绕保护风景区的目标制定区域议程的力量。事实上，这项立法在 20 世纪达到了顶峰，

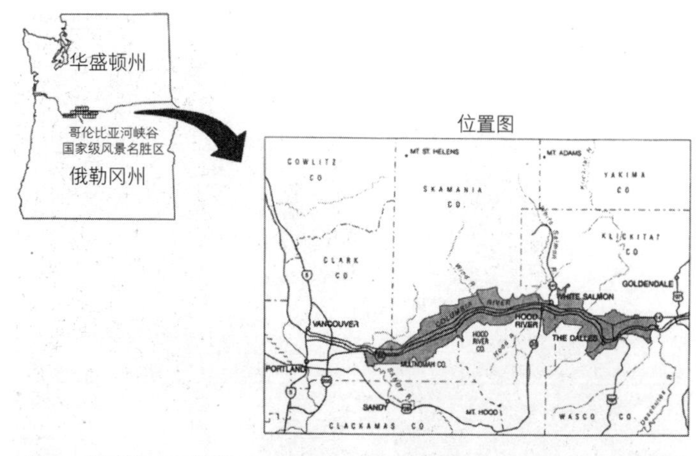

图 35　哥伦比亚河峡谷国家风景区（美国林业局）。美国国会于 1986 年建立的哥伦比亚河峡谷国家风景区恰好位于城市发展边界的东部边缘，以沙质河为标志。这个风景区代表着波特兰有意将峡谷维持为一个易于进入的休闲区

波特兰利用峡谷作为娱乐区的规模稳步扩大。然而，《风景名胜区法》(The Scenic Area Act) 将经济发展的第二个目标与资源保护的第一个目标相结合，在紧张中建立起来。参议员马克·哈特菲尔德（Mark Hatfield）对一名峡谷的观众表示，该法案“从未打算让峡谷里的那些社区干涸，或对这些社区的未来造成打击。”[48] 具体立法目标是：“(1) 保护以及为哥伦比亚河峡谷的风景、文化、娱乐和自然资源的提高而服务。(2) 保护和支持峡谷的经济，鼓励现有城市地区的经济增长，并允许未来以符合第 1 款的方式进行经济发展”。

实际上，该法案要求林业局（Forest Service）和一个新的跨州的哥伦比亚河峡谷委员会（指定的管理机构）

在为城市居民管理风景的同时，也为乡村居民保留和创造就业机会。创造就业所用的工具是俄勒冈州模式下的土地使用管理计划，这在华盛顿州一方的产权原教旨主义者中并不是特别受欢迎。华盛顿州莱尔（Lyle）外的一个自制广告牌将风景区的国会支持者称为马屁精。该法案将峡谷划分为特殊的管理区域（Special Management Areas）（11.5 万英亩的土地主要是联邦土地，预计很少有开发，林务局是牵头机构）；一般管理区（General Management Areas）（14.9 万英亩的土地主要是私人土地，预计在那里进行严格管控开发，由一个跨州委员会牵头）；还有 13 个城市地区（28500 英亩，不受该法案约束，仍在当地规划控制之下）。这项立法使峡谷县的合作伙伴实施许多居民反对的立法（景区包括克拉克县和蒙诺玛县的部分地区，那里的政治倾向于立法，以及其他四个非大都市县的部分地区，无论过去和现在，那里反对的声音越来越大）。它还赋予了联邦政府承认的哥伦比亚河印第安部落在定义和确定文化资源方面的明确作用。

该风景区的典范是欧洲的“绿线公园”理念。这个词来自在地图上画一条“绿色”线定义一个风景或文化价值高的地区，并设计特殊的土地法规维持其特色。这种方式是为了工作或生活的景观，而不是荒野地区。在绿线里面，特殊的管控可以保护自然资源、社会机构和历史景观，同时允许当地居民继续依靠陆地产业维持生计。美国的其他例子包括纽约的阿迪朗达克公园（Adirondack Park）和新泽西州的皮尼拉纳斯（Pinelanas）。英国的国家公园也是特别管制的景观，而不是美国式的公共保护区。

作为绿线实验，景区是一个多重平衡的过程。作为对环境敏感的经济发展所做出的一项努力，它面临着在同一有限空间内协调竞争性活动的挑战。保护与资源生产相竞争的自然区域；两者都可能与旅游业等新兴产业发生冲突。密切相关的是，需要在不同的、有时是冲突的社区文化和世界观之间进行调解，这些文化和世界观属于伐木工和牧场主的"旧西部"，属于官僚和互联网企业家的"新西部"。景区和相关项目的目的是计划和管理资源型地区的变化，这些变化是逐渐而零散的，有时也是不可抗拒的。实质性目标是试图平衡变化的力量，反对现有社会和经济制度的要求。目标的实施需要农场主、伐木工和其他以直率为荣的"老西方人"了解委员会工作和官僚作风的习俗。同样地，它也希望以城市为基础的利益集团（通常由他们制订法律）能够接受农村社区作为合作伙伴和变革的推动者。

尽管我们可能对建立区域性机构抱有希望，但当波特兰的风景被云雾所遮蔽时，它很可能与其生态区域联系最为紧密。在深秋和冬季，晨雾将从哥伦比亚峡口滚滚而来，覆盖整个城市。雾将从威拉米特升起，在西山上空盘旋，云团向西伸向大海，寻找溪流和海湾。历史学家汤姆·沃恩（Tom Vaughan）和特里·奥唐奈（Terry O’Donnell）发现，波特兰的性格是由"柔和的雨水和朦胧的雾塑造的，有些舒缓、催眠的东西会将人们的节奏放缓"。[49] 有时候，当太阳温暖了从太平洋飘进来的潮湿的海洋空气时，未到午时，雾就变淡了。而其余的日子里，比如人们在家中阅读的那些日子，城市仿佛从未被打开。

一代人以前，格伦·科菲尔德（Glen Coffield）在《穿过霍桑大桥》（*Crossing Hawthorne Bridge*）中看到了升起的雾。

一天早晨，当我穿过霍桑大桥，

海鸥在壮丽的弧线上翱翔，

对面悬崖上的房子

被一缕轻柔的雾气笼罩。尽管

打了个冷战，但太阳已在此处

在彼方照耀，那是一个晴朗的早晨……[50]

更近的作品是蒂姆·巴恩斯（Tim Barnes）的《威拉米特河沿岸的冬雾》（*Winter Fog Along the Willamette*）。

1

河对岸的群山

今天下午

慢慢地转向雾，所有

去海边的路，

树木淡出

他们的森林、农场

离开他们的鸡

和山羊，家庭主妇

望向窗外，院子仿佛
消失不见。学步的幼儿从他们的
儿童车上悄然而下。

乌鸦和它的叫声
都消失了，河流
在河床边荡漾。
当田野里的公牛
把精致的草
咀嚼到没有任何东西的时候，
它发出一阵
令人不寒而栗的叹息。

2

这就像雪，
像电视静电，
像空气的干扰。
你最好的朋友
在远方蒸发，
就像道路
吹进冬天一样。
没有旋钮或车轮
可以召回它们。
现在，没有什么需要修复，
没有什么需要关注。

图 36　日间的路易斯和克拉克博览会（俄勒冈历史协会第 28137 号）。1905 年夏天，路易斯和克拉克博览会的临时框架和灰泥建筑将空地和时令湖泊变成了“镶嵌在绿宝石王冠上的钻石”

你的手，你的眼睛，

不再拥有

你想要的东西，

而此时此刻，

你只拥有你的身体——

在地球上的任何天气里，

它都可能与你同在。[51]

在太平洋边缘

1905 年 6 月 1 日上午 10 点，波特兰最盛大的游行之一开始于第六街和蒙哥马利街（Montgomery Streets）

的拐角处。骑警带队出发，随后是军乐队、2000 名国民自卫军和许多警察。当游行队伍排到第六街区的时候，他们的队伍在优雅的波特兰酒店（Portland Hotel）前拉开，为副总统查尔斯·费尔班克斯（Charles Fairbanks）的马车让路。他们的目的地是波特兰西北部，以及路易斯和克拉克百年博览会的就职典礼，在那里，4 万名参加了开幕式的人们可以听到十几篇关于波特兰及其世界博览会重要性的长篇演讲。

离开演讲厅的游客们看到了由小弗雷德里克·劳·奥姆斯特德（Frederick Law Olmsted Jr.）设计的 400 英亩的露天展馆,围绕着吉尔福德湖(Guild's Lake)的浅水区。板条和灰泥建筑的正式布局参照了 1893 年的芝加哥博览会。展览馆从低崖俯瞰湖面。一条宽阔的楼梯通向“俄勒冈小径”展区，这是一个盛大的展会，世界奇观在这里黯然失色。一座连接大陆和美国政府大楼的国家桥梁展示着联邦资源机构。建筑物的白色灰泥在西山的映衬下闪闪发光，就像“镶嵌在绿宝石王冠上的钻石”。

从 6 月 1 日到 10 月 15 日，近 160 万人付费观看了在北美太平洋海岸举行的首届世界博览会。其中 40 万人来自太平洋西北部。他们可以参加在东方举行的关于教育、公民事务和美国未来的会议，或者参加图书馆员、社会工作者、医生和铁路售票员的全国性会议。他们可以检查 16 个州和 21 个外国国家的展品。他们可以在“开罗街头”和“威尼斯狂欢节”上消费娱乐。

这座城市的商业领袖们全心全意地支持规划和推广世博会，因为它的目的是为了建设一个更大更好的波特兰。在这个时代，每个雄心勃勃的城市都渴望举办全国性或国际性的博览会。这些城市包括费城、亚特兰大、纳什维尔、芝加哥、奥马哈、布法罗和圣路易斯；在波特兰博览会举办不久之后，诺福克、西雅图、圣地亚哥和旧金山都会举办活动。此次展会是为了向外部投资者展示波特兰是一个成熟的、“已建成”的城市，而不是一个前沿小镇。它还旨在让波特兰相对于后起之秀西雅图具有优势，并确认其作为太平洋商业中心的角色。这次活动的正式名称是“路易斯和克拉克百年纪念暨美国太平洋博览会暨东方博览会”。入口处的格言是：“帝国的道路是西进的”。最大的海外展区来自日本。监督该州参与此事的委员会主席杰弗逊·迈尔斯（Jefferson Myers）在国会作证时直截了当地说：“如果密西西比河以西的所有小麦都被磨成面粉，用于同中国的贸易，那么每个中国人每月的消费量就不会超过一块煎饼”。一位来访的记者认为，“整个博览会成功表达了……这个地区有丰富的自然资源，并与亚洲关系相对紧密”。[52]

沿海所有城市都分享了波特兰在太平洋贸易中的利益。当巴拿马运河连接太平洋和大西洋世界时，商人们预计贸易将会激增。记者们发现了巴拿马运河的狂热，并写了一些关于“即将到来的太平洋霸权”（The Coming Supremacy of the Pacific）的报道。在加利福尼亚州，历史学家兼历史出版商休伯特·豪·班克罗夫特（Hubert Howe Bancroft）最近在《新太平洋》（The New Pacific）一书中将西方资源鼓吹者清单与新太平洋帝国西进路线的古老比喻结合起来。他宣称，20 世纪将是新太平洋世纪，北美人将把疲惫的欧洲人甩在身后，太平洋的财富将超过大西洋。这个愿景是典型的自由主义，商品和思想的自由贸易将最强大的个人和国家推向成功。

遥远的西部面对着远东，大海夹在中间，至今仍是欧洲和美洲的后门。现在，通过神奇的步伐，对面的无人区正走向前线，要求在世界行动中分得一杯羹……

我们不再是一块有待开发的处女地；在美国的先锋工作已经完成，现在我们必须将目光投向海洋。在这里，我们发现了一个区域，一个水做的圆形剧场，美国的企业和工业，无论其规模多么大，都将在 20 世纪的整个时期内，乃至此后的许多世纪里，在这个区域和周围找到工作。太平洋，它的海岸和岛屿，现在必须取代大西部，它的平原和山脉，作为被压抑工业的出口。在这片海洋上，全世界都将在平等的基础上相遇，美国人和欧洲人，亚洲人和非洲人，白人、黄种人和黑人，抢掠者和掠夺者，最强大、最狡猾的人能把战利品抢走。[53]

在世博会将近一个世纪后，波特兰无疑是太平洋经济体系的参与者，这个体系甚至可能超过班克罗夫特的预期。

在海运贸易方面，波特兰有点像棒球界的老华盛顿州参议员。它在太平洋港口的大联盟中打球，但却发现自己在积分榜上垫底，落后于长滩、洛杉矶、奥克兰、西雅图和温哥华。由于木材、谷物和矿产的大量出口以及钢铁和汽车的进口（波特兰是美国五大汽车港口之一），波特兰是西海岸港口中进出口吨位最高的港口之一。但它的货物价值却落后于竞争对手，仅占西海岸集装箱贸易的 2% ~ 3%（见第 1 章）。

正是高科技制造业推动波特兰在 20 世纪 90 年代成为国际贸易商，并进入 21 世纪。从 1994 年到 1997 年，高科技产品的年出口额翻了一番（32 亿美元）。硅郊区的大量高价值 / 低重量产品通过空运进入国外市场，特别是进入亚洲；空运货物从 1980 年的 4.5 万吨增加到 1990 年的 13.6 万吨和 1999 年的 27.3 万吨。[54]1997 年，波特兰－温哥华基本大都市统计区在大都市地区制造业就业人数中排名第 20 位，出口价值排名第 10 位，超过了波士顿和费城等较大地区。20 世纪 80 年代，俄勒冈州的原材料出口（木材、小麦和其他农产品）价值几乎是制成品出口的两倍。到 20 世纪 90 年代末，情况发生了转变，电子、商业机械、计算机和运输设备成为主导行业。[55]

这些经济数据为“卡斯卡迪亚”（Cascadia）这一新兴的两国经济区域提供了素材。以商业为基地的卡斯凯迪亚的支持者认为，城市化的温哥华－尤金（Vancouver-Eugene）走廊的居民既有共同的价值观，也有共同的经济利益。艾伦・阿提比斯（Alan Artibise）说，这条 1-5 街的主要街道的居民都热爱户外运动，并对其首都渥太华或华盛顿特区感到陌生和疏离，以亚洲市场为导向，对亚洲移民开放，并参与信息经济的兴起。支持者认为，这是一个综合经济区域，将波特兰、西雅图、温哥华和它们的腹地聚集在一起，形成了一个有实力与洛杉矶、悉尼、大阪－神户、首尔和上海竞争的城市区域。对这样一个卡斯凯迪亚的描述借鉴了一个流行且可信的观点，即“城－邦”才是当代经济的真正引擎。这个想法起源于 20 世纪 80 年代的简·雅各布斯，如今在美国和欧洲（在欧盟的背景下，这个想法是有道理的）都很普遍。温哥华、西雅图和波特兰三地协约的想法也是对西北新经济的推断。在最广阔的视野中，这条大都会走廊最多可以穿过五个州（俄勒冈、华盛顿、爱达荷、蒙大拿、阿拉斯加）、两个省（不列颠哥伦比亚省、阿尔伯塔省）和育空地区。

然而，迄今为止，卡斯卡迪亚经济走廊仍然是一套理念，仅成立了委员会，未形成其现实的经济体系。民族自豪感和民族身份仍然凌驾于为经济生产组织确定共同议程的努力之上。北美自由贸易协定放松了贸易，但移民和资本投资仍在国内进行。无论一家韩国电子公司决定将其 20 亿美元投资于俄勒冈州还是不列颠哥伦比亚省，这都是有区别的。中国香港人是否决定搬到温哥华或西雅图是有区别的。不列颠哥伦比亚省政府阻止了卡斯凯迪亚走廊委员会（Cascadia Corridor Commission）（由两国政府授权）的实施，因为担心其从属于西雅图。北美自由贸易协定对加拿大分厂制造业的影响加剧了加拿大人的担忧。

在“两国假期”的广告中，以及在“Portlecouver”和“Vanseacoma”提供服务的手机广告中，跨国卡斯凯迪亚地区的理念最为明显。

当我们更清晰地观察卡斯卡迪亚经济走廊时，我们也发现这三个城市彼此距离太远，无法进行有效的日常互动（问问波特兰的篮球迷，她是否能接受一个被西雅图管理的波特兰开拓者队）。每个大都市都有足够大的空间支持全方位的消费者和生产者服务（NBA球队、研究医院、广告公司）。除非出于个人爱好，波特兰人不需要去温哥华寻找复杂的建筑公司，温哥华人也不需要去西雅图进行跨太平洋集装箱运输或空运。简而言之，这两个城市可能过于相似，无法形成一个与旧金山湾区（San Francisco Bay area）类似的互补整体。在旧金山湾区，金融发达的旧金山、高科技发达的圣何塞（San Jose）、思维缜密的伯克利和强壮的奥克兰形成了一个大都会团队，一起工作。

对卡斯卡迪亚经济走廊的现实预期，或许并不是一个彼此互补地域的合并，而是一个由相似城市组成的联盟——类似于21世纪的汉萨同盟[7]（Hanseatic League）。西北城市的起源、发展和持续繁荣都是东西向的门户，而不是南北向的连接点。从根本上说，它们都是通往太平洋和亚洲的门户，是内陆地区的服务中心。与加拿大其他地区相比，不列颠哥伦比亚省与美国的贸易比例较小。

另一个否定完全实现卡斯凯迪亚经济可能性的论点是，来自加利福尼亚州强大的压迫力，它是经济力量的漩涡，是人口和文化变化的引擎，能轻易超越它周围的小城市。加利福尼亚州的人口是我们俄勒冈州的10倍，而洛杉矶的人口又是大波特兰的10倍。北向连接对美国西北部很重要，而向南的连接更重要。俄勒冈州就像是加利福尼亚州一条摇动的粗短的尾巴。自1849年以来，加利福尼亚一直是市场、人口聚集地、公司总部和消费场所，把俄勒冈州、爱达荷州和华盛顿州从加拿大和卡斯凯迪亚拉向南。甚至微软也不得不等待加利福尼亚州的企业家们来创造个人电脑革命。与不列颠哥伦比亚省的坎卢普斯（Kamloops）相比，华盛顿州的亚基马（Yakima）地区农业中心与加利福尼亚州的贝克斯菲尔德（Bakersfield）更为相似。正如历史学家约翰·芬德雷（John Findlay）所指出的那样，美国西北部经常把自己的地区特征与加利福尼亚州形成对比。加利福尼亚州在卡斯凯迪亚的讨论中缺席了，他们等待着接管这场辩论，就像骑士长雕像接管了唐·乔瓦尼（Don Giovanni）的最后一幕一样。

对于波特兰作为环太平洋地区的一部分，有一个非常不同的理解，那就是环保主义者对美国西部地区的重新思考。20世纪70年代中期，欧内斯特·卡伦巴赫（Ernest Callenbach）的小说《生态乌托邦》（*Ecotopia*）出人意料地成为畅销书。[56] 在能源短缺的阴影下，卡伦巴赫在书中设想 1999 年加利福尼亚州北部地区俄勒冈州和华盛顿从美国传统经济发展道路上脱离出来，走上了一条依托软能源的社会包容发展道路。在这种类型的风格中，卡伦巴赫通过一个访问记者的视角展现了生态乌托邦和它的另类美国的特点，那是一个以深层生态和女权主义为结构的社会。

25 年之后，当 20 世纪 70 年代的能源危机基本上被人们遗忘时，就很少有人会去读《生态乌托邦》了。1981 年，在其作品《北美九国》（*Nine Nations of North America*）中，约尔·加罗（Joel Garreau）采用“生态乌托邦”这一术语作为其中一个国家的名字，但并未提及其社会项目层面的意义。波特兰人喜欢垃圾回收，市议会要求星巴克和麦当劳用纸杯和纸盒代替泡沫塑料。但是努力集中于地方性自给自足的社区组织已让位于试图开发私人住房市场的发展公司。20 世纪 70 年代，“生态乌托邦”这个名字在波特兰仅以讽刺的方式流传下来，现在基本消失了。

生态乌托邦这一理想的继承者不是地方政策或组织，而是一种将卡斯卡迪亚经济走廊看做环境友好型发展路线的视角。西雅图大学教授大卫·麦克洛斯基（David McCloskey）绘制的“环太平洋东北部的大绿地”地图是最有理有据的例证。麦克洛斯基视角下的卡斯卡迪亚是对于建立人类与地区景观之间关系的一种新的认识。但它也让人想起了传统西方经济和资源超越政治边界的流动性时代。麦克洛斯基的地图（绘制于 1988 年）将西北海岸描绘成一片巨大的异国情调的叶子，纹理细密，由从门多西诺角（Cape Mendocino）到亚库塔特（Yakutut Bay）的小溪和河流组成。省、州乃至国家的边界都消失在了将太平洋斜坡⑧地区和太平洋连接在一起的水文循环系统中，同样的循环创造并维持了森林和鱼类的流动。其他一些对生态卡斯凯迪亚的积极描写，如 Ecotrust（非营利性的环境公司）所作的《雨林之家》(The Rain Forests）这本书和沿海温带雨林的地图，强调了山脉和沟渠的南北延伸，这些山脉和沟渠连接着风景和生物景观（早期的定居者和工人很容易在南北方向迁徙）。[57]

所有这些鼓舞人心的言辞都引起了人们的注意，我们发现自己又回到了官僚主义的认知，即 21 世纪初的环境是通过法律、法规和计划来保护的。在旧西部经济的最后喘息中，强大的哥伦比亚河被水坝限制住了。现在，它由西北电力计划委员会（Northwest Power Planning Council）、博讷维尔电力管理局（Bonneville Power Administration）、哥伦比亚河峡谷国家风景区（Columbia River Gorge National Scenic Area）、哥伦比亚河部落渔业委员会（Columbia River Inter Tribal Fish Commission）以及其他数十个复杂的组织管理，这些组织试图平衡工业、国家、社区和人民相互冲突的需求。用理查德·麦克斯韦·布朗（Richard Maxwell Brown）的话来说，对北美多雨的海岸线地区的系统性保护，需要类似的制度建设。

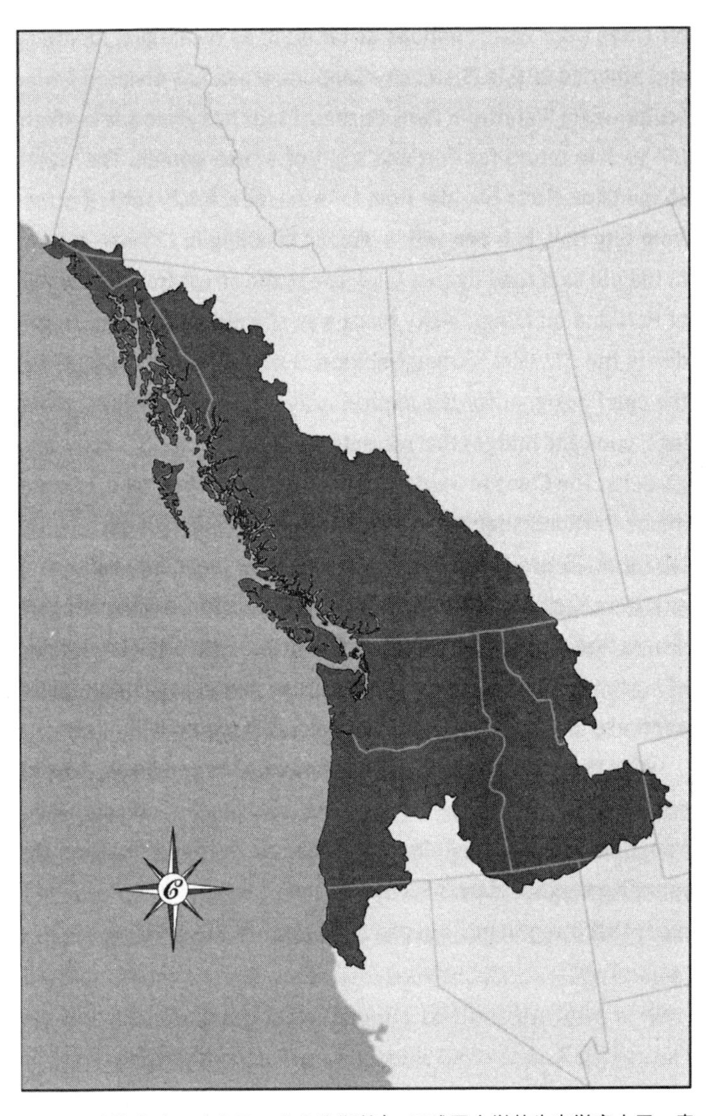

图 37　卡斯卡迪亚（大卫·麦克洛斯基）。西雅图大学的生态学家大卫·麦克洛斯基在 20 世纪 80 年代提出了建立卡斯卡迪亚自然区域的想法。在一系列地图中，他描绘了连接卡斯卡迪亚与海洋的河流网络，定义了卡斯卡迪亚的分区，并展示了自然边界如何跨越和模糊国家边界

与此同时，波特兰市以其典型的方式，用象征纽带和景观标志着其新旧太平洋联系。除了少数例外，中部城市和郊区选择了太平洋沿岸国家的姊妹城市，如尼加拉瓜、澳大利亚和俄罗斯西伯利亚。姐妹城市日本札幌为滨水公园捐赠了一个风力雕塑。中国苏州赠送了一块17吨重的太湖石，波特兰则回赠了一座玫瑰园。产自太湖水域的巨型石灰岩现在牢牢地屹立在市政厅对面，这在中国文化中具有象征意义。在旧防滑路区（与波特兰新港大厦隔街相望），有一个古典苏州园林街区。苏州园林局作为总设计师，精心设计了建筑、绿化、泳池和桥梁，这些建筑和桥梁重现了苏州69座园林的风格。中国花园于2000年9月开放，是波特兰日本花园的补充。日本花园已经进入第四个10年，是日本游客的留恋之处，也是各种日裔美国人组织活动的中心。它与华盛顿公园（Washington Park）、市中心以西的地方共享，除此之外，还有其他值得欣赏和纪念的景观，例如玫瑰园、植物园、越南老兵纪念碑和大屠杀纪念馆。

沿着小型化的山脉和湖泊世界，中国和日本的园林把我们带到了艾拉·凯勒水景广场。如中国和日本园林一样，这一景观也是对本地自然景观别出心裁的概括提炼。即使是在城市中最繁华、国际化的地段，波特兰也给予城市自然景观重要的地位。

结论

公民机遇

西雅图？当然。但印第安纳波利斯？堪萨斯城？哥伦布？

理论上讲，波特兰有许多同级城市。以人口100万～300万的二线都市为范围，再根据一系列社会经济指标，如移民占比、中等教育程度、工人为之服务的工业分布情况等，就能找到与波特兰社会经济概况类似的城市。

西雅图与波特兰便十分相似，尽管二者在城市风格和具体情况上仍有很大差别。其余与其类似的城市则坐落于老国道、40号国家公路和70号州际高速公路等美国主要公路周边。这条公路带起始于俄亥俄州哥伦布市的东大街，一直延伸至科罗拉多州丹佛市的西科尔法克斯街，途经印第安纳波利斯和堪萨斯城。另一座有波特兰风格的城市是俄亥俄州的辛辛那提，那里有山有水、民风保守。《*Monk*》杂志的X世代发言人最近形容波特兰“既有中西部地区之规模与发展速度，又有与其相匹配的沿海地区之智慧”。[1]波特兰的确有着中西部地区特征：规模中等，步调平缓，不拘小节，自得其乐。

图 38　1889 年的波特兰（俄勒冈历史学会第 23627 号）。1889 年，波特兰即将迎来经济腾飞和东部的飞速发展。图中可以看到城区背后被公路分割开的群山、波特兰高地的第一条街道，以及最初的莫里森桥（1887 年）和斯蒂桥（1889 年）

这种城市间的相似性展现出历史的力量。除了城镇里的新英格兰人之外，波特兰威拉米特山谷里的早期定居者大部分来自俄亥俄州和密苏里州的山谷地区，这使得俄勒冈州在中西部地区独树一帜。尽管南波特兰有种族特色，但这个城市的大部分移民来自北海沿岸，而非南欧或东欧。波特兰与其他城市的相似之处也体现了波特兰城市类型的特殊性，以社会学家奥蒂斯·邓肯的分类标准来看，它是一个地区性大都市。波特兰与亚特兰大或丹佛等地的本质区别不在于区域性的定位，而在于其特别的内陆地区和非凡的历史特征。记者厄尼·派尔（Ernie Pyle）在 1936 年的报道中写道：

这里的每个人都对波特兰深深着迷，拜倒在其魅力之下。人们不谈论此地的商业，也不谈论其工业、教育和农作物，大家都在赞叹波特兰是个多么美妙的宜居地。

波特兰的确是一座宜居的城市。这座西北城市风景优美，气候宜人，生活从容。

本地人表示，在波特兰这座城市，拥有财富并不能让你成为社会上层。我曾问他们，那如何可以进入上层社会呢？也就是说，什么是波特兰的社会准入标准呢？他们想了又想，最终表示，这标准是一个人为社会做出贡献的能力——通常是贡献愉悦和乐趣的能力。

这是来自霍恩地区的新英格兰人建立的标准。这些人在此发家致富，成为这座城市的骨干力量。他们现在仍是波特兰思想发展的引导者和中流砥柱，并将新英格兰地区的稳健可靠与西北地区更自由、更温和的生活方式融为一体，这种融合相当绝妙。[2]

波特兰人与印第安纳波利斯人、丹佛人或电影《巴比特》（Babbitt，1934）中乔治·巴比特所在的泽尼斯镇居民一样，为自己感到自豪。他们能成为家乡发展的强大推动力。遍访城市，你会发现波特兰的特别之处。它的气候温和而不多雨，且在城中就能看到白雪皑皑的胡德山景，还有着小镇一样的氛围、质朴的风格。同时，波特兰成功解决了城市拥堵和胡乱扩张的问题。纽约人对这座城市又爱又恨，爱它可以让人真正感到放松，恨它对任何事都没有限制。在健康意识浓厚的波特兰，作家布莱克·尼尔森

（Blake Nelson）笔下的流亡诗人马克曾整日吸烟，以此来维持与曼哈顿下城喧嚣生活的联系。但站在蒙诺玛瀑布脚下，“马克的香烟熄灭了。这里太潮湿了”。[3] 在这幅因回避恶习和健康生活的成就感而自我满足的图景中，洛杉矶一直以来都不受欢迎，西雅图也出卖了它的灵魂。只有波特兰规划良好，始终如一。

波特兰人是怡然自得的，这种自得感是自给自足的满足感。相比之下，纽约对同级别的美国城市不屑一顾，又暗自同巴黎和东京较量一番，并宣称自己是世界冠军。波特兰则对自己的地位和发展速度都很满意：一方面满意于它在经济与自然景观中的地位；另一方面也满意于这种景观所支撑的生活方式。引用最近一位观察者的话说，这座城市的基调是“完完全全的本地人”所定下的。[4]

玛丽·罗斯（MaryRoss）和林迪·罗斯（Rindy Ross）的音乐生涯就是一个很好的例子。这两位俄勒冈州的学校教师在 20 世纪 80 年代早期组建了一支成功的波特兰乐队，在酒吧和俱乐部演出。这支乐队以“Quarterflash”为队名出道，还签了国家唱片合约，其专辑中的《*Harden My Heart*》一曲曾拿到 MTV 冠军（林迪是此曲的萨克斯演奏者，并献唱了和声部分）。然而，他们并没有留在竞争激烈的国家音乐舞台上，而是落叶归根，与当地音乐家一起组成乐队“Trail Band”，演奏从俄勒冈小径时代[①] 至今的西北音乐。乐队为当地节日里的听众和玛丽·罗斯口中的“很酷的小剧院”带来了一流表演。

图 39　从东岸看市中心（作者摄）波特兰市中心，从东北起分别为：汤姆麦考尔海滨公园、波特兰两大银行的超高塔（银行现在已被外来者合并），以及城市公司和律师事务所的摩天大楼

截稿之前，我听说他们正在参加“俄勒冈人”（另一个历史久远的地区性机构）150 周年纪念派对演出。我敢肯定没人能找到更激动人心的“*Roll On*，*Columbia*”版本了。

如果没有全国各地消息灵通的观察家们，外地人可能会对波特兰这种自我满足感不屑一顾，认为不过是王婆卖瓜，自卖自夸罢了。波特兰作为一个规划良好、宜居的大都市社区，在城市规划和政策圈子中享有盛誉。这座城市在 20 世纪 70 年代末和 80 年代初露头角，并在 20 世纪 90 年代及以后获得了大量的积极评价。考察团为波特兰旅游经济做出了稳定贡献。记者们试图弄清楚“波特兰是怎么做到的”，正如菲利普·兰登（Philip Langdon）在 1992 年所问的那样。[5] 一个接一个的市民代表团在城市里绕了一圈又一圈，挑战着该地区领导人的耐心，为自己的城市寻找着可借鉴之处。

波特兰地区跨越了城市边界，有众多管理都市发展和服务的创新机构。俄勒冈州的立法机构在20世纪70年代突发的制度创新中，提交了一套覆盖全州的土地使用规划制度，三个核心城市的选民建立了一个民选的区域政府。而美国住房和城市发展部近日表示，为支持从传统制造业向知识经济体的成功转型，要在区域范围内开展合作。

20世纪70年代，波特兰十分关注生活质量评级。回顾这类评级是很有启发性的。1975年，亚瑟·路易斯（Arthur Louis）在《哈珀杂志》（*Harper's Magazine*）中将它列为第四佳城市，而本杰夫·刘（Ben-Chieh Liu）在联邦机构的200因素排名中将它排在第一位。尽管当时还没人使用“城市资本”这一术语，但刘将波特兰列为第一，其排名正是考虑了这一术语所包含的因素，包括教育水平、图书馆图书流通量、公共公园数量、自有住房量、选民投票率、报纸读者量以及类似因素。波特兰在20世纪80年代下降到中流位置，特别是《地方评级年鉴》（*Places Rated Almanac*）和《金钱》（*Money*）这两本杂志格外注重考察城市基础设施数量和经济变量情况，而俄勒冈州彼时正处于伐木业衰退期。波特兰在《金钱》（1990年）中的最佳排名为第38名，位列华盛顿州的塔科马和里奇兰之后。结果令人费解，但西北地区的居民对原因心知肚明。商业新闻界对波特兰的评价一直是复杂的：这里对创业有利，但收入并不被人看好。《财富》（*Fortune*）杂志曾表示：“虽然很多工人时常需要娱乐休息，但是他们有着优秀的工作道德”。[7] 波特兰在关注自然环境和公民能力的排名中始终实力不凡。

波特兰拥有丰富的社会资本和全国闻名的公民参与以及公民行动体系，这是众多美国城市都面临的一系列挑战与独特的政治文化相互影响的结果。罗伯特·卡普兰写道，波特兰行人会等待绿灯，更主要的是这座城市“有着斯堪的纳维亚城市一样的氛围，几乎每个人的背景和价值观都相同，并相信地方政府的集权和控制力能保护他们。”[8] 结果便是公共利益和私人利益罕见地结合了起来。尽管追求的目标不同，波特兰人总是有意无意地聚居在一起。

波特兰在 20 世纪 80 年代和 90 年代的公民行动主义可以与其他地区的类似时代进行比较。19 世纪 50 年代到 19 世纪 80 年代的英国伯明翰便是个著名的例子，在那时，商业领袖们推崇“公民福音”。公民文化借鉴了非国教信仰中的社会价值观，将城市政府塑造为高效的人民公仆。1890 年有个美国记者曾将伯明翰列为世界上管理最好的城市。美国也有类似波特兰的例子。19 世纪 90 年代到 20 世纪 20 年代的芝加哥“公民时刻”，商业和公众的关注点都在重建大都市上。许多私营成分都形容自己是“公共的”，现实表现也往往如此。中产阶级的男男女女们分享着一个改良城市的愿景，这种改良暗含了同化主义思想。这座大城市运转良好的经济体制会为每个人都提供属于自己的位置；改善的住房和公共服务将会帮助新来的移民融入社会结构（尽管这种愿景在劳资冲突和黑人移民的冲击

图 40 “上午 6:30，俄勒冈州波特兰市第五大道”（影印石版画，戈登 · 吉尔基摄于 1997 年，波特兰视觉纪事）。戈登 · 吉尔基（Gordon Gilkey）的影印石版画显示了一个可以成为休 · 费尔斯（Hugh Feriss）逼真摩天大楼的画作典范的高层建筑中心。波特兰与达拉斯或丹佛之间的区别不在于高层建筑，而在于下面街道生动活泼的景象。斯诺尔特（snort）街区和街头商业空间正符合城市评论家简 · 雅各布斯和威廉 · H · 怀特（William H Whyte）的设计规定

下夭折了）。波特兰的公民行动也可与 20 世纪后期格拉斯哥或巴塞罗那等城市的地方重塑活动相比较。

“公民时刻”是脆弱的。波特兰的社区共识一直面临着挑战。这种挑战并非来自波士顿或芝加哥的机器政治[②]，而是来自个人主义的价值观。面对贬低公共领域的新保守主义民族话语，波特兰人必须保持对公民话语、社区行动论坛和机构的维护。这一挑战不仅延伸到正式的公民机构，也延伸到培养社会资本的非正式公共场所。适度的城

市规模让波特兰有了实验的空间，但成功意味着城市规模的增长，以及将新来者融入“波特兰方式”的需求。我已经从公民文化的角度描述了这种波特兰风格，对于喜欢法国理论家的人而言，它类似于皮埃尔·布尔·迪厄（Pierre Bour dieu）的拉丁语概念“habitus”，意味着一种对世界现如何、应如何的共识，这种共识来源于在特定地域的共同生活的经历。

俄勒冈州也存在着强烈的个人主义，调和并挑战着社区意识浓厚的整体氛围。在许多方面来说，它是一个基本的“自由”社会，在这个社会中，很少有社会机构介入公民和私人利益。俄勒冈州的教会成员和出席率都很低，与阿拉斯加州并列倒数第二位，位列宗教信仰淡薄的内华达州之后。低教会协会数量和“先驱者”个人主义意味着对慈善事业贡献较少。俄勒冈州的慷慨指数下降了三分之二，这一指数是根据联邦纳税申报单上分项扣除与调整后总收入之比得出的。[9] 族裔群体的政治表现力或文化力量有限（这点与波士顿爱尔兰人，底特律波兰人或芝加哥非裔美国人正相反）。工会的存在感一直很薄弱，特别是自20世纪以后。这些传统机构在东部城市发挥着中介作用，而在波特兰，发挥中介作用的是自发创建的公民团体，如：邻里协会、“朋友”团体、城市俱乐部，波特兰进步协会。而环保组织，如自然保护协会和奥杜邦协会等则格外强大，平衡了一直以来低水平的慈善捐赠数量。俄勒冈州有更多的非营利组织，其联邦501（c）（3）③ 人均税收状况高于其他大多数州。

换而言之，波特兰是一个“目的性的大型都市社区”，这个术语意既指城市的发展视野，也指其中暗含的脆弱性。具有目的性的组织形形色色，从共同住房项目到公社，从世俗乌托邦聚居区到分裂主义宗教包围区。他们的愿景是将事情做得更好，但在彼此愿景产生分歧时会迅速崩溃。与布鲁克农场[④]（Brook Farm）或新哈莫尼（New Harmony）[⑤]相比，波特兰的经营规模要大得多，它的视野不那么全面，但它仍以伦理为基础。

波特兰的报纸和社区领导人认真监督着公民目标方面的进展。上文提到了城市俱乐部，该组织会定期给出城市研究报告。报告涉及城市治理、经济增长和社区价值问题（如对卖淫的监管，州政府是否促成了赌博业的发展等类似的问题）。城市俱乐部 1980 年界定“波特兰未来愿景”的尝试影响了未来 10 年的思考。哥伦比亚威拉米特期货论坛和 20 世纪 80 年代的公民指数项目检验了领导力、社区参与度和公民能力的其他方面。波特兰未来焦点随后定义了 20 世纪 90 年代的行动议题。1998 ~ 1999 年的中央城市首脑会议将环境和教育作为民事待办事项的首要方面。

正如许多城市一样，“目的性的”波特兰面临着外部所有权取代当地商业领导地位的问题。19 世纪 80 年代早期，伊万斯产品（Evans Products）被外部收购，消除了一部分进步的公民声音。佐治亚太平洋公司（Georgia

Pacific）将公司总部迁至亚特兰大，以便更接近其造纸原材料产地——南部松树林。20 世纪 90 年代后期，旧金山和明尼阿波利斯的银行集团吸收了波特兰两家最大的银行，这两家银行起源于波特兰的先驱一代。得克萨斯人接管了一家电力公司并转售给内瓦达人，而另一个电力公司则流入苏格兰资本家手中。大型跨国公司已经占领了其他本土企业：Jantzen（运动装）、Freightliner（卡车）、Hyster（重型设备）、Fred Meyer（零售）。这些企业还会积极建设社区吗？抑或对社区建设的参与是否会局限于对外资与本地企业联合之路的贡献？

波特兰与很多其他省会城市一样，也经历了个人财富的外流。自 20 世纪初木材王西蒙・本森（Simon Benson）和律师兼作家 C・E・S・伍德（C.E.S Wood）的时代以来，许多波特兰资本都选择了隐退到加利福尼亚州。国家税收政策的特殊性（俄勒冈州没有销售税，华盛顿州没有州所得税）使克拉克县成为初级税收的避难所，并吸引了许多富裕的波特兰人入住能从北部俯瞰哥伦比亚河的新豪宅。到目前为止，这些为了避税而离开波特兰的资本家仍然与波特兰进行着合作——例如，他们是俄勒冈交响乐团第三大捐助者。不过，即使他们不再对波特兰进行资助也并不令人意外。

另一个令人担忧的问题是共识政治没有给原则性异议留下太多空间，因为人们对社区目标达成了基本一致。尽管波特兰风格有许多优点，但它也往往会抑制不愿意在“团队”工作的反对者的声音。尽管波特兰共识的支持者们可能不同意这种观点，但合作模式会拒绝认真倾听好的观点，因为这种模式会逐渐减少真正的替代方案，直到符合合作模式的标准。

波特兰中产阶级民粹主义的传统就是一个例子。自19世纪后期以来，熟练工人和小企业的经济滋养了一种不信任的政治传统，人们不信任专业知识和企业领导力。几乎每个市长和市议会选举都显示了东部地区居民与市中心及其邻近区域居民的意见分歧，后者最受益于戈尔德施密特政策（Goldschmidt package）。诸如下水道基础设施成本等问题加剧了进步核心与其“邻里”之间潜在的不信任。从社会经济学的角度来看，这种鸿沟使反税民粹主义者反对生活自由主义者。然而，这座城市的自由选举制度与其占主导地位的良好政府意识形态相结合，使得这种异议只占少数：它反而出现在全州范围的反税收运动和波特兰组织项目（Portland Organizing Project）等团体中，这些团体有意识地代表低收入人群挑战公民的共识。

在大都市规模上，一个结构紧凑、机构一体化的大都市为新的社会利益和经济利益留下的空间可谓微乎其微。在典型的战后大都市中，新郊区工业已经能够控制郊区政府，就像市中心的增长联盟主导着城中心地区的行政和政治一样。这样会导致大都市的分裂，但另一方面也给了新声音、新力量进入政治舞台的机会。从某种意义上说，结合松散的都市圈为政治多元化做出了贡献，比如，它有可能成为政治的安全阀。

在波特兰，老式郊区是紧凑型城市联盟的合作伙伴，但它们更多地是在支持当地的原生经济力量，而非当地最重要的新经济利益体——华盛顿县的大量电子工业。事实上，这个电子产业也令人郁闷，因为它无法促进建设横向公路来帮助郊区工人就业（参见西侧旁路的故事），也无法帮助西部的一所大型工程学校获得当地和州政府的资助（地理位置和华盛顿县的小型私立俄勒冈州研究生院、波特兰市中心的州立大学以及下州区的俄勒冈州立大学都不相符）。

第三个问题是关于被动政治和道德政治的平衡。波特兰和俄勒冈州的风格最基础的部分是理性和道德，它们的治理者是对大众公益的共识和由此形成的委员会。强调公民参与和责任的过程伦理与强调紧凑型大都市价值的产品伦理共存。波特兰和俄勒冈州的发展历史充满了道德挑战：如塞里洛运河的罪孽和对野生鲑鱼的过量捕捞。在情感上，人们希望拯救农业；在保护公共利益的角度，又需要重视自然环境的保护。这种道德挑战无处不在。“你足够好吗？”美国著名城市规划理论家刘易斯·芒福德如是问。从汤姆·麦考尔的道德观角度讲，我们需要把俄勒冈州从“浪费土地的混蛋”手中拯救出来。

但是，平衡社区和环境伦理也是一种政治，代表着不满社会经济和地区沙文主义，这是对全球化和国家官僚体制的反应。我们没能追寻伟大的梦想，害怕发生改变，连大西洋西北岸或许会成为“最棒的白人国家”这种历史性愿望也落空了。20 世纪 80 年代，新纳粹光头党在波特兰兴起并受到欢迎，但俄勒冈州也是激进的生存主义者的大本营。他们恐惧着种族主义战争以及有可能因此带来的核灾难。

尽管有来自不同政见者的声音，但波特兰人大多是实用主义者，而非理论家。他们知道自己的城市有着特别之处，并希望保持这种状态。尽管人们越来越担心交通拥堵和其他经济增长所带来的问题，但在 1999 年的调查中，83% 的波特兰居民认为自己的宜居水平“好”或“非常好”，高于 1994 年的 79%。[10]1999 年的一项全区域调查表明，认为 Metro 组织的工作情况“相当不错”或“非常出色”的居民数量是给其差评的居民的三倍。事实上，正如民意测验专家亚当・戴维斯（Adam Davis）所指出的，普通大众对 Metro 的批评要少于市民领袖对其的批评。[11]

然而，规模越大，机构越脆弱，共识越模糊。围绕社区稳定或城市学校和城市学区周围组织起来很容易，而围绕威拉米特谷或卡斯卡迪亚的需求进行调动就很难。至少在一段时间内，波特兰已经解决了城市层面的“规划难题”，并正在实施广泛共享的愿景。在大都市范围内，我们发现在规划实施方面的共识比较弱，而公众在评估 20 世纪 90 年代的增长方面存在分歧。在生态区的规模上，人们的地方感虽强大却发散，并没有形成行动共识。人们都知道哥伦比亚河及其支流既能支持经济又能支持文化，但对其最佳用途仍有争论。人人都效忠于森林的保护，但他们的目的各不相同。许多波特兰人给西北的承诺与给自己的城市同样多，但他们没有围绕西北地区的定位以及如何发展达成一致意见。

我们可以在多大程度上将场所感制度化？规模再次成了问题关键。我们能同时评估邻里周边、市区、大都市区、河岸流域、周末娱乐区和大陆地区吗？不相容的标准是问题所在，正如我们在讨论卡斯卡迪亚时所看到的。是将这里定义为劳动力市场还是生态系统？另一个问题是文化包容性。我们能否在将自然环境看作生产资料来源的同时也关注它本身的价值，让其同时作为生产场所和娱乐场所呢？

城中心的先进分子和郊区居民们围绕着紧凑城市的理念团结了起来。尽管对资源使用仍存在分歧，但是中心区和山区居民可以就生活方式自由化达成一致。但未受到关注的利益也很有可能成为新一次政治革命的起因。如果波特兰的共识受到侵蚀并分崩离析，一个可能的原因是外来者群体的挑战，因为他们发现公共投资对自己没有好处，高密度的生活也并不令人愉悦。

东部反税民粹主义者与西部高科技企业家建立的反对联盟不会持久。20 世纪 90 年代中期，二者在反对轻轨扩张一事上达成一致，但他们的理由并不相同。反税者不想花这笔钱。而企业家们则希望把钱花在别的方面。

更有可能出现的反对联盟则是反税收的民粹主义者与

动员起来的社区活动人士联合起来，希望保护中等收入社区不受人口密度上升和社会变革的影响。他们将高举现实的大旗，反对紧凑城市愿景所要求的城市结构变化（以及相关成本）。

我们可以从教育和公民生活方面做个总结。从1940年到1970年，俄勒冈州大多是体力劳动者，拥有4年本科大学学历的人数落后于美国平均水平。20世纪70年代，俄勒冈州继续发展，平稳度过20世纪80年代的经济萧条后，于20世纪90年代再次快速发展。1996年，24%的美国人拥有大学本科学历，而在波特兰地区，这一比例是34%（蒙诺玛县、华盛顿县、克拉克默斯县和亚姆希尔县）。

随着教育水平的提高，对公立学校的投入也越来越大。在波特兰，92%的学龄儿童就读公立学校；郊区的比例甚至更高。在整个20世纪90年代，一系列全州范围的财产税限制措施将学校资金从地方财产税转移到州立法机构管辖，州议会从普通基金中提供了一刀切的拨款。1999年的大都市区家长和学区成功恳求立法机关和州长，获得超过法定限额的税务权利。

教育当然与个人成就和家庭进步有关，但它也是社区的基础。有了教育，才有了公民利益和知识分子的参与。《威拉米特周报》（*Willamette Week*）的工作人员最喜欢波特兰的哪一点（至少在1995年）？当然是环境保护主义和户外活动，不过，还有“在市民礼堂前的水景广场。这是

图 41 “守护者：在洛夫乔伊的斜坡下”（Georgiana Nehl，绘画，1998 年，波特兰视觉纪事）。20 世纪 40 年代末至 50 年代后期，一个希腊移民将支撑洛夫乔伊街坡道的柱子画上了宗教图案的彩绘。在这幅作品中，展现了坡道拆除后被保护下来的幸存图画和钢柱。由于市中心的住房的高需求量，人们为了更多空间于 2000 年拆除了坡道。波特兰人的价值观体现在对彩绘柱子的热爱和保护上，他们认为微小的举动和个人努力也可以让社区变得更好

一件不可思议的艺术品，你可以在水中玩乐”。他们还喜欢公园和上佳的城市绿化，不过，还有“全国最好的免费公立学校。这是通过公民参与而有所作为的最佳机会”。[12] 波特兰地区的人们就社区问题进行了富有智慧性的讨论，从无家可归的流浪汉问题到郊区的增长问题都有提及。他

们也积极参与投票。在最近的选举中，俄勒冈州的选民登记和选民投票比例比美国整体比例高出 10% 左右（2000 年 11 月为 80%）。

“良好的公民是城市的财富”。这是斯基德莫尔喷泉的碑文，位于波特兰市中心。它的设计者是奥林·华纳（Olin Warner），他的另一个著名设计是美国国会图书馆的青铜浮雕门。喷泉建于 1888 年，为了服务于“马、人、狗”的需求。这座喷泉坐落在波特兰 19 世纪商业区的中心位置，而斯克里布纳（Scribner）出版社的杂志则认为建在纽约中央公园中心更为合适。不过，波特兰人始终将这座喷泉誉为早期公民教养的象征，而出自波特兰的诗人律师 C·E·S 伍德笔下的碑文，则是波特兰人的座右铭和挑战目标。

注释

引言 波特兰的历史个性

1. “Portland : Where It Works”, *Economist*(1990 年 9 月 1 日): 24-25.
2. Joan Laatz,“城市专家喜欢波特兰的风格”, *The Oregonian*, 1988 年 5 月 6 日。
3. 例如,1992 年获得美国市长会议的赞誉; 20 世纪 90 年代曾多次被《金融世界》(Financial World) 杂志选中; 作者 Tom McEnery, *The New City-State*: *Change and Renewal in America's Cities*(Niwot, Colo.: Roberts Rinehart, 1994).
4. Alexander Garvin, *The American City*: *What Works and What Doesn't*(New York: McGraw-Hill, 1996): Richard Moe 和 Carter Wilkie, *Changing Places*: *Rebuilding Community in the Age of Sprawl*(New York: Holt, 1997); Robert Kaplan, *An Empire Wilderness*: *Travels in Americas Future*(New York: Random House, 1998); David Rusk, *Inside Game*, *Outside Game*: *Wining Strategies for Saving Urban America*(Washington, D.C.: Brookings Institution Press, 1999), 174; “美国十大最开明的城市,” *Utne Reader*(1997 年 6 月 / 7 月); James Howard Kunstler, *The Geography of Nowhere*: *The Rise and Decline of America's Man-Made Landscape*(New York: Simon and Schuster, 1993), 200.
5. David Broder,“创新性宜居,” *The Oregonian*, 1998 年 7 月 15 日。
6. Dave Hogan,“粉碎我们传说中的城市”, *The Oregonian*, 1999 年 10 月 3 日。如需更多正面评论,请参阅 Neal R. Peirce,“波特兰被奉为楷模”, *The Oregonian*, 1995 年 4 月 3 日; Bob Ortega,“城市麦加”, *Wall Street Journal*, 1995 年 12 月 26 日; Timothy Egan,“反对城市扩张的强硬路线”, *New York Times*, 1996 年 12 月 30 日; David Goldberg,“两个城市,两条

通往未来的道路”，*Atlanta Constitution*，1994 年 8 月 28 日；E.J. Dionne，“波特兰地区看起来不错”，*The Oregonian*，1997 年 3 月 23 日。有关负面评价，请参阅 George Will，“阿尔· 戈尔有一个新的担忧。” *Newsweek*（1999 年 2 月 15 日）；Tim W. Ferguson：“快下来！回到城里去！” *Forbes*（1997 年 5 月 5 日）：142–152.

7. Walter Hines Pages，“更大的西海岸城市。” *World's Work*（1905 年 8 月 10 日）：6501；Ray Stannard Baker，“大西北”，*Century Magazine 65*（1903 年 3 月）：659.
8. E. Kimbark MacColl，*The Shaping of a City：Business and Politics in Portland，Oregon，1885-1915*（Portland：Georgian Press，1976）；E. Kimbark MacColl，*The Growth of a City：Power and Politics in Portland，Oregon，1915-1950*（Portland：Georgian Press，1979）；E. Kimbark MacColl and Harry Stein，*Merchants，Money and Power：The Portland Establishment，1843-1913*（Portland：Georgian Press，1988）；Edwin Burrows and Mike Wallace，*Gotham：A History of New York to 1898*（New York：Oxford University Press. 1998）.
9. Stewart Holbrook，*The Far Corner：A Personal View of the Pacific Northwest*（New York：Macmillan，1952），115.
10. Richard Neuberger，“美国的城市：俄勒冈州波特兰” *Saturday Evening Post* 219（1947 年 3 月 1 日）：22.
11. Rob Eure，“慈善项目寻求新一代科技百万富翁，” *Wall Street Journal*，1996 年 12 月 23 日。
12. E.Kimbark MaColl，“委员会政府的五十年，”在太平洋海岸分部历史协会年会上发表的论文，Eugene，Oregon，1981 年 8 月。
13. Freeman Tilden，“俄勒冈州波特兰：北方佬在西海岸的谨言慎行。” *World's Work 60*（1931 年 10 月）：34–40.
14. < www.Monk.com/ontheroad/portland/pdxessay/portland.essay.html>.

第 1 章　哥伦比亚河上明珠

1. Robin Cody，*Ricochet River*（Portland：Blue Heron Press，1992），205.
2. 引用 David Rusk 的话。*Inside Game，Outside Game：Winning Strategies*

for Saving Urban America（Washington，D.C.：Brookings Institution Press，1999），177.

3. Robert Ficken，对 Gail Wels 的评论，*The Tillamook*，*Oregon Historical Quarterly* 101（2000 年春季）：97.
4. “蒂拉穆克燃烧”，选自 William Stafford 的 *Stories That Could Be True*：*New and Collected Poems*（New York：Harper and Row，1977），73.
5. Mathew Deady，“沃拉梅特上的波特兰”，*Overland Monthly* 1（1868）：43.
6. David James Duncan，*The River Why*（San Francisco：Sierra Club Books，1983），252.
7. Stafford，*Stories That Could Be True*，13.
8. Don Berry，*Trask*（New York：Viking，1960）；H.L. Davis，*Honey in the Horn*（New York：Morrow，1935），5；Ken Kesey，*Sometimes a Great Notion*（New York：Viking，1964），1，4–5.
9. Elliott Coues 编辑，*History of the Expedition Under the Command of Lewis and Clark*（New York：Dover，1964），第 3 卷，1248 – 1249；Stephen Dow Beckham，*The Indians of Western Oregon*（Coos Bay：Arago Books，1977），58.
10. John K. Townsend，*Narrative of a Journey Across the Rocky Mountains to the Columbia River*（1834 年），选自 *Early Western Travels*，R. G. Thwaites 编辑，（Cleveland，1904），第 21 卷，301。另参考 Gabriel Franchere，*Narrative of a Voyage to the Northwest Coast of America in the Years 1811*，*1812*，*1813* 和 *1814*（1854 年），第 6，313 卷：“离开哥伦比亚号去威拉米特河，我发现河两边的树木繁茂，但地势较低，沼泽多。”
11. William A. Bowen，*The Willamette Valley*：*Migration and Settlement on the Oregon Frontier* 一书中报道了来自手稿普查的数据（Seattle：University of Washington Press，1978）。
12. Jesse A. Applegate，*Recollections of My Boyhood*，引用于 Howard McKinley Corning 所著的 *Willamette Landings*：*Ghost Towns of the River*（Portland：Binford and Morts，1947），16–17.
13. Henry J. Warre 和 M. Vavasour，“致尊敬的殖民地国务秘书”（1845 年 10 月 26 日），Joseph Schafer 编辑，*Oregon Historical Quarterly* 10（1909

年 3 月): 76.

14. Barry Johnson，“格雷格· 安东尼：平衡体育与文化，” *The Oregonian*，1999 年 11 月 12 日；Ryan White，“在波特兰附近找到他们的路，” *The Oregonian*，1999 年 11 月 17 日。
15. “纽约人会注意到波特兰的 10 件事情，” *Rotund World 2* (1996): 18–19。
16. John Hamer 和 Bruce Chapman，*International Seattle*：*Creating a Globally Competitive Community* (Seattle：Discovery Institute Press，1992) .
17. Davis，*Honey in the Horn*，329.
18. Amy Kesselman，*Fleeting Opportunities*：*Women Shipyard Workers in Portland and Vancouver During World War II and Reconversion* (Albany，N.Y.：SUNY Press，1990), 24.
19. *Oregon Historical Quarterly 91* (1990 年秋季): 285–291.
20. Neil Morgan，*Westward Tilt*：*The American West Today* (New York：Random House，1963); Neal Peirce，*The Pacific States of America* (New York：W.W. Norton，1972); Earl Pomeroy，*The Pacific Slope* (New York：Knopf，1965); Charles O. Gates 和 Dorothy Johansen，*Empire of the Columbia* (New York：Harper and Row，1967), 564.
21. 世界博览会公司董事会会议记录，1958 年 1 月 28 日和 7 月 22 日，西雅图华盛顿大学手稿部丁沃尔文件。
22. (西雅图港) *Reporter*，1967 年 2 月 1 日，记录在西雅图华盛顿大学手稿部西雅图市长文件港口委员会档案中。
23. 根据美国商务部每月出版物《*U.S. Waterborne Exports and General Imports*》中报告的货物总吨位和价值计算。
24. Mitchel Moss，“美国城市和州互联网的空间分析”。纽约大学陶布城市研究中心，1998 年，<www.urban.nyu/ research /newcastle>.
25. 俄勒冈州就业部，非农业工资和薪金概算 (包括就业)，1996 年。
26. 美国商务部数据显示，Richard Read 报道：“波特兰地区出口排名第十，” *The Oregonian*，1997 年 10 月 2 日。
27. 来自互联网组织的数据，<www.internet.org>.
28. David Brewster，“西雅图和波特兰哪个城市更好？” *The Oregonian*，

1995 年 6 月 6 日；Lizzy Caston，“你说的是单轨铁路，我说的是俄勒冈小道，” *Willamette Week*，1998 年 10 月 28 日。

29. Ernie Pyle，*Ernie's America*：*The Best of Ernie Pyle's 1930s Travel Dispatches*，David Nichols 编辑（New York：Random House，1989），150.
30. Frances Fuller Victor，*Atlantis Arisen*，*or Talks of a Tourist About Oregon and Washington*（Philadelphia：Lippincott，1891），101.
31. *Outside*，1992 年 6 月，John Snell 报道，“杂志；波特兰在最宜居城市中排名第四，” *The Oregonian*，1992 年 6 月 28 日；Robin Cody，*Voyage of the Summer Sun*：*Canoeing the Columbia River*（New York：Knopf，1995），276.
32. Brian Booth 编辑，*Wildmen*，*Wobblies and Whistle-Punks*：*Stewart Holbrook's Lowbrow Northwest*（Corvallis：Oregon State University Press，1992）；James Stevens，*Big Jim Turner*（Garden City，N.Y.：Doubleday，1948）；Molly Gloss，*The Jump-Off Creek*（Boston：Houghton Mifflin，1989）；Craig Lesley，*River Song*（Boston：Houghton Mifflin，1990）and *The Sky Fisherman*（Boston：Houghton Mifflin，1995）.
33. “是时候做出改变了吗？创建通往知识创造区域的路径，” 波特兰州立大学波特兰大都会研究所概念文件草稿，1997 年 3 月 14 日。
34. Kathleen Ferguson，“走向美国环保主义地理”（硕士论文，California State University-Hayward，1985）。
35. 基于狩猎和捕鱼许可证持有人。
36. 俄勒冈州人口动态统计：1993 年年度报告，表 6-33。
37. David James Duncan，“河流战士，” *Orion*（1999 年春季）：46.
38. Ursula K. LeGuin，*The Lathe of Heaven*（New York：Scribner，1971）.
39. Ursula K. LeGuin 和 Roger Dorland，*Blue Moon over Thurman Street*（Portland：New Sage Press，1993），37.
40. 来自 Metro 的就业数据，由我的同事 Tom Sanchez 汇总。
41. Keith Moerer，“西侧／东侧，” *Willamette Week*，1984 年 6 月 11 日。
42. Jeff Kuechle，“公民精神分裂：选择正面，”The Oregonian，1985 年 3 月 5 日。
43. 2000 年 12 月，克林顿政府决定反对立即拆除大坝，转而采取其他措施恢复鲑鱼栖息地，保护鲑鱼幼鱼的顺流而下过程。

44. Brian Scott 和 Kim Stafford，*A 25-Year vision for Central Portland*（Portland：Association for Portland Progress，1999），19.

第 2 章 日常波特兰

1. 波特兰 PMSA 的收入中值模式可以与 1990 年其他 24 个 MSA 或 PMSA 拥有 100 万至 250 万人口的收入模式进行比较。波特兰大都市家庭收入与中心城市家庭收入的比率为 1：14，低于整个大都市地区的中间值（1：20）。使用住户而不是家庭作为标准，Metro：城市配给 1：21 低于设置值的中间值（1：28）。
2. 最近关于穷人种族隔离的比较数据表明，波特兰是美国阶级融合程度最高的大都市之一。Alan Abramson、Mitchell Tobin 和 Mathew Vander Gort 在《大都市机会的地理变化：1970 年至 1990 年美国大都市地区低收入人群的居住隔离现象》一书中对人口普查数据进行了研究。《住房政策辩论 6》（1995）：45-72 计算了 1990 年 100 个最大都市地区每一个贫穷水平以下的人的相异指数和孤立指数。1970 年、1980 年和 1990 年，大都会波特兰指数明显低于所有大都市地区的平均值；其不同指数在 1990 年排名倒数第六。
3. Reyner Banham，*Los Angeles*：*The Architecture of Four Ecologies*（New York：Harper and Row，1972）.
4. 对 Barbara Roberts 进行采访，2000 年 1 月 13 日。
5. Jeff Mapes，"俄勒冈人，照一照镜子吧，"*The Oregonian*，1994 年 12 月 19 日。
6. Steve Suo 和 Nena Baker，"波特兰的结果反映了生活方式，态度，" *The Oregonian*，1996 年 12 月 16 日。
7. Nancy Chapman 和 Joan Starker，于 *Portland's Changing Landscape* 一书中设问"波特兰：最宜居的城市？" Larry Price 编辑（Portland：Association of American Geographers，1987 年），204.
8. David Sugarman 和 Murray Straus，"美国各州和地区的性别平等指标，" *Social Indicators Research 20*（1988）：229-270；妇女政策研究所，*The Status of Women in Oregon*（Washington，D.C.：the Institute，1998）.
9. 美国劳工统计局的就业数据；"从商的女人，" *The Oregonian*，1997 年 10 月 5 日。
10. Harvey Scott，*History of Portland*（Syracuse，N.Y.：D. Mason. 1890），

430-31.

11. Frances Fuller Victor, *Atlantis Arisen, or Talks of a Tourist About Oregon and Washington*(Philadelphia: Lippincott, 1891), 89.

12. 自 20 世纪 70 年代以来，从波特兰市中心到西山区、华盛顿县再到太平洋海岸的国会选区一直在选举民主党人，尽管从人口结构上看，它看起来像是共和党的大本营。共和党在国家和州内的右翼运动帮助民主党保持了中间立场。

13. Alameda Land 公司，*View, Air, Sunshine: A Fitting Homesite- A Golden Investment*(Portland: Alameda Land 公司, 1910).

14. Jeffrey M. Berry，Kent E. Portney 和 Ken Thomson，*The Rebirth of Urban Democracy* (Washington. D.C.: Brookings Institution Press, 1993)。20 世纪 80 年代末和 90 年代，在预算紧张的年份里，官僚主义生存的必要性促使 ONA 推动社区协会提供服务，比如预防犯罪项目。在某种程度上，这种局部的合作已经削弱了邻里协会为不被重视的意见发声的角色。在最消极的解释中，ONA 管理层为了拯救它而摧毁了它。20 世纪 90 年代末，ONA 被重新命名为社区参与办公室，其服务范围扩大到缺乏特定社区基础的公民团体。

15. Julie Sullivan,“有理由？去波特兰吧,”*The Oregonian*,1999 年 11 月 14 日。

16. Kristi Turnquist，“波西米亚风：一种流行的生活方式，”*The Oregonian*, 2000 年 2 月 19 日。

17. Jeff Hudis，“熙熙攘攘的大道，”*The Oregonian*，1999 年 11 月 5 日。

18. Blake Nelson, *Exit*(New York: Scribner’s Paperback Fiction, 1997).

19. 2000 年 4 月 6 日，Jon Raymond，James Harrison 和 Kristin Kennedy 在城市俱乐部圆桌会议就“波特兰的新兴艺术领域，”所做的评论。

20. Chris Ertel，“咖啡师的复仇，”*Metroscape 2* (1996 年春): 6-12.

21. <www.monk.com/ontheroad/portland/pdxguide/guide.htm>；Kristin Foder-Vencil，“迪斯科困境，”*The Oregonian*，1994 年 12 月 19 日。

22. 详见 <www.cityrepair.org/about.htm >.

23. *The Oregonian*，1938 年 8 月 12 日，10 月 16 日。

24. “我们在一起：哥伦比亚别墅区的人们”，1994 年俄勒冈州人文主义者委员会宣传册。

25. Kent Anderson, *Night Dogs*(New York: Bantam Books, 1997), 1.
26. Jeanette Steele,"别墅区：希望的表面，家的表面，" *The Oregonian*, 1994 年 8 月 29 日。
27. 从 Earl Riley 到 H.H. Jones，1943 年 7 月 1 日，Earl Riley 文件，波特兰俄勒冈历史协会。
28. Elinor Langer,"当今的美国新纳粹运动，" *The Nation 251* (1990 年 7 月 16 日): 104.
29. David Rusk 的数据，*Inside Game*, *Outside Game*: *Wining Strategies for Saving Urban America*(Washington, D.C.: Brookings Institution Press, 1999), 348-349, 361-63.
30. Lisa Lednicer,"格雷沙姆没能赢得批评家们的支持，这些批评家打击了支持者，" *The Oregonian*, 1998 年 7 月 5 日。
31. "游记省略了积极因素，" *The Oregonian*, 1998 年 7 月 2 日。
32. Joseph Cortright 和 Heike Mayer, *Portland's Knowledge-Based Economy*(Portland: Institute for Portland Metropolitan Studies, Portland State University, 2000) .
33. 俄勒冈州就业部，非农业工资概算; Joe Cortright 和 Heike Mayer, *The Ecology of the Silicon Forest*(Portland: Institute for Portland Metropolitan Studies, Portland State University, 2000) .
34. Joel Garreau, *Edge City*: *Life on the New Frontier*(New York: Doubleday, 1991); Robert Cervero, *America's Suburban Centers*: *The Land Use-Transportation Link*(Boston: Unwin Hyman, 1989) .
35. Myron Orfield, *Metropolitics* (Washington, D.C.: Brookings Institution Press, 1997) .
36. Susan Orlean,"商场的数字" *New Yorker*, 1994 年 2 月 1 日，49.
37. Robin Cody, *Ricochet River* (Portland: Blue Heron Press, 1992), 198-199, 202.
38. E. Kimbark MacColl, *Portland*: *The Growth of a City*: *Power and Politics in Portland*, *Oregon*, *1915-1950* (Portland: Georgian Press, 1979), 268.
39. Gary Snyder, *The Practice of the Wild*: *Essays* (San Francisco: North

Point Press, 1990), 125.

40. Fred Leeson, "国家农业收入水平为33.8亿美元," *The Oregonian*, 1997年9月20日。
41. Foster Church, "哥伦比亚县: 波特兰的下个郊区?" *The Oregonian*, 1988年2月22日。
42. "邓迪: 居民们支持更多以游客为导向的目标," *The Oregonian*, 1999年8月22日。
43. David James Duncan, *The Brothers K*(New York: Doubleday, 1992), 95.
44. John Painter, Jr., "修整中的卡玛斯亟待成长" *The Oregonian*, 1997年3月19日.
45. www.monk.com/ontheroad/portland/pdxguide.html.
46. Chris Lydgate, "第86轨道袭击," *Willamette Week*, 2000年5月24日。
47. Henry Stein, "帕克罗斯未在比赛中出局," *The Oregonian*, 1999年9月10日。
48. Dave Charbonneau, "老虎队为了摆脱坏名声, 用他们的黑色球衣进行交易," *The Oregonian*, 1999年9月8号。

第3章　最佳规划城市?

1. Elliott Coues 编辑, *History of the Expedition Under the Command of Lewis and Clark*(New York: Dover, 1965), 第二卷, 664.
2. *Douglas of the Forests: The North American Journals of David Douglas*, ed. John Davies(Seattle: University of Washington Press, 1980), 41.
3. Alexander Ross, *Adventures of the First Settlers on the Oregon or Columbia River*(London: Smith and Eider, 1849), 118.
4. Richard Neuberger, *Our Promised Land*(New York: Macmillan, 1938); Robert Ormond Case, *River of the West: A Study of Opportunity in the Columbia Empire*(Portland: 西北电力公司及太平洋电力和电灯公司, 1940); Murray Morgan, *The Columbia: Powerhouse of the West*(Seattle: Superior Publishing, 1949).
5. 引用自 Elizabeth Woody 和 Gloria Bird 的"在世界的边缘跳舞", 摘自

Varieties of Hope: *An Anthology of Oregon Prose*，Gordon Dodds 编辑（Corvallis：Oregon State University Press，1993 年），139.

6. Craig Lesley，*River Song*（New York：Picador，1999），68.
7. David James Duncan，"河流战士" *Orion*（1999 年春季）：38-39.
8. "建筑地用途及海滨发展期刊中期报告，"波特兰城市俱乐部公告第 50 期（1969 年 8 月 8 日）。
9. Neal R. Peirce，*The Pacific States of America*（New York：W.W. Norton，1972），215；Nancy Chapman 和 Joan Starker，"波特兰：最宜居的城市？"选自 *Portland's Changing Landscape*，Larry Price 编辑（Portland：Association of American Geographers，1987），204.
10. Richard Neuberger，"美国城市：俄勒冈州波特兰，" *Saturday Evening Post 219*（1947 年 3 月 1 日）：22-23.
11. "Sally Landauer 的 评 论，"1994 年 6 月 14 日，www.pdxplan.org/Landauer Web.html.
12. Alison Belcher 的访谈，2000 年 6 月 20 日。
13. Allison Belcher 访谈；Marjorie Gustafson，由 Ernie Bonner 采访，1995 年 8 月，www.pdxplan.org/GustafsonWeb1.html.
14. Bob Baldwin，由 Ernie Bonner 采访，1994 年 12 月 30 日，www.pdxplan.org/BaldwinWeb.html.
15. W.A. Henry III，"波特兰提供了一张名片，" *Time* 132（1988 年 12 月 12 日）：88；Philip Langdon，"波特兰是怎样做到的，" *Atlantic Monthly*（1992 年 11 月）：134-141；Donald Canty，"波特兰，" *Architecture*：*The AIA Journal* 75（1986 年 7 月）：32-47；Berton Roueche，"一种新型城市，" *New Yorker*，1985 年 10 月 21 日，42-53；Sam Hall Kaplan，"波特兰是城市设计的榜样，" *Los Angeles Times*，1989 年 9 月 24 日；Neal R. Peirce 和 Robert Guskind，*Breakthroughs*：*Re-Creating the American City*（New Brunswick，N.J.：城市政策研究中心，罗格斯大学，1993 年）。
16. Robert D. Kaplan，"穿越到美国的未来，" *Atlantic Monthly*（1998 年 8 月）：58；Robert Shibley，引用自 Peirce 和 Guskind，*Breakthroughs*，*80*；Robert Bruegmann，"边缘处的新中心，" *Center*：*A Journal for Architecture in America* 7（1992）：25-43.

17. Gideon Bosker 和 Lena Lencek，*Frozen Music: A History of Portland Architecture*（Portland：Oregon Historical Society，1985），xiv.

18. 来自 Metro 和波特兰发展委员会的数据，由 Carl Abbott，Gerhard Pagenstecher 和 Britt Parrott 总结，*Trends in Portland's Central City, 1970-1998*（Portland：Association for Portland Progress，1998）.

19. Edgar Hoover 和 Raymond Vernon，*Anatomy of a Metropolis: The Changing Distribution of People and Jobs Within the New York Metropolitan Region*（Cambridge，Mass：Harvard University Press，1959）.

20. Jane Cease 的采访，2000 年 6 月 13 日。

21. Mary Pedersen-Blackett，由 Ernie Bonner 采访，1999 年 12 月，www.pdxplan.org/BlackettWeb1.html.

22. Fred Leeson，"别冷落州际公路上最大的反对意见，" *The Oregonian*，2000 年 2 月 28 日。

23. Dan Gorman，致 *The Oregonian* 的一封信，2000 年 2 月 22 日。

24. 事实上，在波特兰计划增加的 71000 套住宅单元中，空置地块填充物、独立家庭住宅附属公寓以及类似的选择只占一小部分。一群市民领袖最近建议，城市不要再推动这种社区填充，因为减少对城市规划的支持所带来的政治代价抵不上增加密度带来的好处。波特兰城市俱乐部，*Increasing Density in Portland*（Portland：City Club，1999）。

25. Timothy Egan，"在波特兰，房屋都是友好的。不然咱们走着瞧，" *New York Times*，2000 年 4 月 20 日。

26. 引用 Brent Walth，*Fire at Eden's Gate: Tom McCall and the Oregon Story*（Portland：Oregon Historical Society，1994），356.

27. Carl Abbott 和 Margery Post Abbott，*Historical Development of the Metropolitan Service District*（Portland：Metro Home Rule Charter Committee，1991），22.

28. Carl Abbott 和 Deborah Howe，"俄勒冈州土地使用法的政治：参议院法案 100，20 年后，" *Oregon Historical Quarterly 94*（1993 年春）：10.

29. UGB 并不像有些批评者所说，是"波特兰的长城"。比这更好的比喻是，UGB 就像波特兰的皮肤，它包含了有机体的重要功能，并随着有机体的增长而扩展。同样，随着大都市的发展，预计 UGB 将逐步扩大。正如 Linda

Johnson 所指出的，那些文学爱好者可能会把波特兰比作 Italo Calvino 笔下的奥林达“看不见的城市”：“奥林达肯定不是唯一一个以同心圆形式生长的城市，就像树干一样，每年都会增加一个圆环。但是在其他城市的中心，仍然保留着古老的狭窄围墙，从那里可以看到枯萎的尖塔、塔楼、瓦屋顶、圆顶，而新的房屋像松开的腰带一样在周围伸展。不像奥林达：承载旧房屋的延展的古老城墙扩大了，但在城市边缘的广阔地平线上保持着比例；它们包围着那些稍新一些的房屋，这些房屋也在边缘地带成长，变得越来越薄，以便为更多最近从内部挤压出来的房屋腾出空间等等。”增长管理的支持者认为，“奥林达”远远超过 Calvino 的 penthesilea 等城市的郊区扩张。在 Penthesilea，“你前进了几个小时，但你不清楚你是已经在市中心，还是在外面。”就像一个湖底被淹没在沼泽之中的湖，Penthesilea 古城绵延数英里，是一个在平原上被冲淡了的潮湿城市；在肮脏的田野里，一座座苍白的建筑背靠背地矗立着……瘦骨嶙峋的商店街，在麻风病丛生的乡村中渐渐消失。Italo Calvino，*Invisible Cities*，William Weaver 译（San Diego：Harcourt Brace Jovanovich，1974），129，156-157。

30. 在 1999 年，公平合租运动遭遇了挫折，当时国家禁止强制的包容性区域规划。Metro 一直在考虑一项要求，要求新开发项目包括一定比例的低收入和中等收入家庭负担得起的住房（如马里兰州蒙哥马利县的情况）。住宅建筑商们说服了立法机构和州长，这样的要求将是对房地产市场的一次过多的干预，使得 Metro 地区经济适用房战略（2000 年 6 月）不得不悲哀地呼吁采取自愿的包容性措施。
31. 引用 Alan Ehrenhalt 的话，“波特兰长城，” *Governing 10*（1997 年 5 月）：23.
32. “对公路和铁路都赞同，” *The Oregonian*，1996 年 10 月 17 日。
33. Randy Gragg，“Linda K. Johnson：解读城市发展，” *The Oregonian*，1999 年 10 月 15 日。
34. Judith Berck，“在波特兰的城市发展边界上行驶，” *Oregon Humanities*（2000 年春）：36。
35. 城市增长管理职能计划的规定包括：（1）该地区 24 个城市中每一个城市的住房和就业目标，并纳入需要更高总体密度的三个县的一部分；（2）新住宅平均开发密度要求的平均值为分区最大值的 80%；（3）禁止大箱零售进入工业区；（4）新发展项目的最低及最高泊车比率；（5）Metro 制定具体经济适用住房目标的要求；（6）如果有足够多的社区表明目标无法实现，则为 UGB 的扩张做准备。批评人士认为，该计划实际上涉及在 2040 年增长概念中批准的密度增长基础上进行大规模、不切实际的增长。

36. Metro 增长管理部门的数据。在发展模式出现这些最近的变化之前，波特兰地区的发展比其他许多都市地区更紧凑，但没有更密集。

37. 住房研究联合中心，*The State of the Nation's Housing*，*1996*：*Portand Metropolitan Area Profile*（Cambridge，Mass.：Harvard University，1997）.

38. James Mayer，"北部和东北部的住房税飙升，" *The Oregonian*，1996 年 10 月 20 日。

39. 关于城市增长边界和住房负担能力的争论，参看 Carl Abbott，"规划一个可持续的城市：波特兰城市增长边界的承诺和表现"，*Urban Sprawl*：*Causes*，*Consequences*，*and Policy Responses*，Gregory D. Squires 编辑（Washington，D.C.：Urban Institute Press，2001）。有关价格通胀的不同解释，请参阅 Sam Staley 和 Gerard C.S. Mildner，*Urban Growth Boundaries and Housing Affordability*（Los Angeles：Reason Public Policy Institute，1999）以及 Justin Philips 和 Eban Goodstein，"增长管理与房价：俄勒冈州波特兰的案例"，*Contemporary Economic Policy 18*（2000 年 7 月）：334-344.

40. Gordon Oliver，"租户希望得到折扣，" *The Oregonian*，1999 年 12 月 6 日。

41. 1000 个俄勒冈之友，*Willamette County News 2*（1995 年 9 月）：1.

42. John Jackley，"濒危物种，" *The Oregonian*，1996 年 11 月 24 日；"Metro：Tigard 反对增长蓝图，" *The Oregonian*，1996 年 9 月 3 日。

43. Lewis Mumford，*Regional Planning in the Pacific Northwest*：*A Memorandum*（Portland：Northwest Regional Council，1939）.

44. Katherine Dunn，"为什么我居住在波特兰，" Dodds，*Varieties of Hope*，65-66.

45. 俄勒冈州规划委员会，*Second Report on Willamette Valley*（Salem：Planning Board，1937），62.

46. www.econ.state.or.us/wvlf/execpage.htm.

47. Frances Fuller Victor, *Atlantis Arisen, or Talks of a Tourist About Oregon and Washington*(Philadelphia: J.P. Lippincott, 1891), 54.
48. “哈特菲德让峡谷停下来,” *Gorge Weekly*, 1995 年 6 月 9 日。
49. Thomas Vaughan 和 Terence O’Donnell, *Portland: An Informal History and Guide*(Portland: Oregon Historical Society, 1984), 17.
50. Glen Coffield, “穿过霍桑大桥,” *Northwest Poems* (Portland: Rose city Publisher, 1954), 选自 *From Here We Stand: An Anthology of Oregon Poetry*, Ingrid Wendt 和 Primus St. John 编辑 (Corvallis: Oregon State University Press, 1993), 127.
51. “威拉米特河沿岸的冬雾,” 选自 Wendt 和 St. John, *From Here We Stand*, 167-168.
52. 美国国会, 众议院, 工业艺术和展览委员会, “路易斯和克拉克百年博览会: 在众议院工业艺术和展览委员会前的听证会”, 第 58 届代表大会, 第二次会议, 1904 年 1 月 14 日, p. 27; Robertus Lowe, “路易斯和克拉克集会,” *World's Work* 10 (1905 年 8 月): 6458.
53. Hubert Howe Bancroft, *The New Pacific*, rev. ed. (New York: Bancroft, 1913), 8, 9, 13.
54. 波特兰港口的数据。
55. 见 “区域联系”, 波特兰州立大学波特兰都市研究所 1997 年报告。
56. Ernest Callenbach, *Ecotopia* (Berkeley, Calif.: Banyan Tree Press, 1975) .
57. Peter K. Schoonmaker, Bettina von Hagen 和 Edward C. Wolf, *The Rain Forests of Home*(Washington, D.C: Island Press, 1997) .

结论 公民机遇

1. www.monk.com/ontheroad/portland/pdxessay/portland.essay.html.
2. Ernie Pyle, *Ernie's America: The Best of Ernie Pyle's 1930s Travel Dispatches*, David Nichols 编辑 (New York: Random House, 1989), 150.
3. Blake Nelson, *Exile*(New York: Scribner Paperback Fiction, 1997), 232.
4. Filmmaker Todd Haynes, 引自 Shawn Levy, “那种波特兰氛围,” *The Oregonian*, 2000 年 7 月 23 日。

5. Philip Langdon，“波特兰是怎样做到的，” *Atlantic Monthly*（1992 年 11 月）: 134-142.
6. Arthur Louis，“最差的美国城市，” *Harper's 50*（1975 年 1 月）: 67-71; Ben Chieh Liu，*Quality of Life Indicators in U.S. Metropolitan Areas，1970: A Comprehensive Assessment*（Washington，D.C.: U.S. Environmental Protection Agency，1975）.
7. “最佳的商业城市”，*Fortune*（1989 年 10 月 23 日）: 82.
8. Robert Kaplan，“穿越到美国的未来，” *Atlantic Monthly*（1998 年 8 月）: 58.
9. “慈善从哪里开始，” *Governing 12*（1999 年 8 月）: 13.
10. 波特兰城市审计员，“波特兰城市服务所做的努力和成就，1998-1999，” www.ci.portland.or.us' auditor/pdxaudit.htm.
11. Adam Davis，个人沟通。
12. *Willamette Week*，1995 年 11 月 14 日。

致谢

这本书的写作要感谢朱迪思·A·马丁和小萨姆·巴斯·沃纳的帮助，他们提出了创作“美国大都市区肖像丛书”的构思，并仔细审阅了我的手稿。此外，还要感谢来自明尼苏达大学工作室的成员们——拉里·福特，丹·阿雷奥拉和达娜·怀特——他们的帮助使我得以清晰地阐明观点。

感谢波特兰俄勒冈州历史协会的工作人员以及该市档案和记录中心人员这 20 多年来给予我的协助。感谢历史学家 E·金巴克·麦科尔以其丰富渊博的知识底蕴为我提供的有关波特兰政治方面的帮助。城市顾问大卫·拉斯克、波特兰本地人伊桑·塞尔策、亚当·戴维斯和布莱恩·布思阅读了整本手稿，并提出了宝贵意见。本书的写作也基于我此前发表的文章，因此，谨在此向所有曾给予我帮助和建议的众位编辑、审稿人致以诚挚的感谢。

对本地事件广泛、及时、详细的新闻报道是波特兰一直以来的传统，25 年来，我一直仔细阅读《俄勒冈人与威拉米特周刊》(*The Oregonian and Willamette Week*)，受益匪浅。

我也要感谢书中提及的作家、艺术家和设计师们，他们的作品为我的研究提供了资料和思路，让我如愿将个人对波特兰的分析扎根于该地区丰富的文化之中。感谢为本书提供作品的个人艺术家和设计师大卫·麦克洛斯基、马克·雷克曼、巴里·佩里尔、林达·约翰逊、亚尔琴·埃尔汗和罗伯特·穆拉塞。同时，我也十分感谢佩吉·肯代伦，作为地区艺术和文化委员会公共艺术协调员，他提供了来自波特兰视觉纪事的丰富图片。感谢我的同事伊琳娜·沙尔科娃，他为我准备了哥伦比亚河、加拿大林业服务协会和主要大都市统计区的地图。

我还要感谢以下作者、单位及其授权用于书中的作品，他们分别是：蒂姆·巴恩斯的《威拉米特河岸的冬雾》（*Winter Fog Along the Wilamette*）；朱迪思·伯克的《推动波特兰城市增长边界》（*Driving Portland's Urban Growth Boundary*），此文最初收录于《俄勒冈人文期刊》（*Oregon Humanities Journal*）中；金·斯塔福德的《中心城市峰会》（*The Central City Summit*）；威廉·斯塔福德庄园授权的《雨啊 我的政党》（*My Party the Rain*），该诗作者为威廉·斯塔福德，刊登于1997年哈珀与罗（Harper and Row）出版公司出版的《可能真实的故事》（*Stories That Could Be True*）一书中，以及节选自杂志《猎户座》（*Orion*）的《河流战士》（*River Soldiers*），由大卫·詹姆斯·邓肯所著。

若想进一步了解波特兰及其地区，请登录 www.upa.pdx.edu/USP/faculty/carls-guide.html.

译者注

引言　波特兰的历史个性

① 奥姆斯特德原则：保护自然景观，某些情况下，自然景观需要加以恢复或进一步加以强调（因地制宜，尊重现状）。

② 《经济学人》是一份由伦敦经济学人报纸有限公司出版的杂志，创办于1843年9月，创办人詹姆士·威尔逊。

③ 波将金村（Potemkin Village）：弄虚作假、装潢门面的代名词。——译者注

④ 埃尔维斯的24小时教堂是在博物馆和画廊里的名为“艺术在哪里？”的展览（取自维基百科）。

⑤ 卡尔文·库利奇是美国第30任总统，生于佛蒙特州。

⑥ X世代指美国婴儿潮一代和千禧一代之间出生的人们，也被称为“懒虫世代”，人口统计学家和研究人员通常认为，X世代出生于20世纪60年代中期到20世纪70年代末之间。

⑦ 罗伯特·帕特南是美国哈佛大学公共政策学教授，他用“独自打保龄”现象暗示美国社会资本的流失，其后果是公民参与的下降。

⑧ 保罗·班扬（Paul Bunyan）是美国神话人物，一位力大无比的巨人樵夫，该雕像建成于俄勒冈州百年纪念活动日。

第1章　哥伦比亚河上明珠

① 糟糕派绘画（Bad Painting）出现于纽约，这一流派抨击观念艺术的知性，为亚文化正名，并在绘画中注入糟糕的趣味。

② Metro为俄勒冈州地区性政府组织，为美国唯一直接选举产生的地区性政府和大都市区规划机构，由哥伦比亚地区政府协会（CRAG）（1966～1978年）和其前身大都市服务区（MSD）（1957～1966年）发展而来。Metro负责

管理波特兰地区的固体废物系统，协调该地区城市的发展，管理区域公园和自然区域系统，并监管俄勒冈动物园、俄勒冈会议中心、波特兰艺术中心和波特兰世博中心。

③ 奇努克人是北美太平洋海岸印第安人，操奇努克语以善于经商著称。

④ 尚普格（Champoeg）是俄勒冈州的一个城镇、现已消亡。

⑤ 指纽约市与波士顿到俄亥俄州克里夫兰的主线。

⑥ 公民性格是对社会公民心理、特质、价值以及行为表现出的具有理性精神取向的程度描述或概括。

⑦ 太空针塔是 1962 年西雅图世博会的标志性建筑，型似飞碟立于细长金属柱之上，符合当时世博会太空、地球、21 世纪的主题。

⑧ 大都市区（MD: Metropolitan District）是城市化发展到高级阶段的形态，包括一个 10 万以上人口的中心城市及其周围 10 英里以内的地区，或者虽超过 10 英里但与中心城市连绵不断，人口密度达到每平方英里 150 人以上的地区。1959 年改称“标准大都市统计区”（SMSA: Standard Metropolitan Statistical Area），包括一个拥有 5 万或 5 万以上人口的中心城市及拥有 75% 以上非农业劳动力的郊区。人口在 100 万以上的大都市区内，其单独的组成部分达到一定程度可以划分为“主要大都市统计区”（PMSA），而包括由两个或两个以上 PMSA 的大都市复合体则称为“联合大都市统计区”（CMSA）。

⑨ 美国的一个非营利性民间环保组织，以美国著名画家、博物学家奥杜邦命名，专注于自然保育。

⑩ 雅皮士兴起于 20 世纪 80 年代，接受过高等教育、住在大城市、有专业性工作且生活富裕的年轻人。

⑪ 灰线旅行社是美国的世界级城市观光品牌，在全球经营观光和客运业务。

第 2 章　日常波特兰

① 和平队（The Peace Corps）是美国政府为在发展中国家推行其外交政策而建立的组织，由具有专业技能的志愿者组成。

② T-Hows 指“Tiny houses on wheels”即流动性的临时小屋。本应为“THOWS”，这里马克 · 拉克曼将其变为“T-Hows”，取“Tea Houre”谐

音，意为这是一个茶馆一样的公共分享空间。

③ 这是一个位于威拉米特河和哥伦比亚河之间半岛北部的社区，建于1942-1943年。

④ 1985年4月20日，波特兰的一名黑人协助其所在超市抓住了一名小偷，与之扭打在一起，闻讯而来的白人警官却对其使用锁喉技进行压制，这导致了他的死亡。令人愤怒的是，就在这名黑人的葬礼当天，两位白人警官向下属警员售卖自印T恤，上面印有一支冒烟的手枪，并有标语“Don’t Choke’ Em, Smoke’ Em”，这激起了民众的怒火。

⑤ 磁石计划（Magnet Program）是美国教育体系中类似“重点班、天才班”的英才计划，旨在通过设立重点班的方式吸引其他社区学生前来就读，从而打破学校因地区化而产生的种族隔离现象。

⑥ 通勤郊区（bedroom suburb）指位于城郊的住宅区，其居民大多在工作日往返于住所和市中心通勤上班。职能以居住为主。

⑦ 边缘城市（Edge City）指随着消费需求和就业机会迁离传统核心城市，而在大城市的边缘地区形成的新的、并且相对独立的人口经济集聚区。

⑧ 育空（Yukon）是一条流经阿拉斯加中部的河流。

⑨ 克朗代克是阿拉斯加历史上著名的淘金区。

⑩ 指学校较落后，靠政府救济维持。

第3章　最佳规划城市？

① 零和博弈指非合作博弈，一方的收益必然意味着另一方的损失。

② 著名的美国商业女强人，创办了自己的公司，有“家居女王”之称。

③ 长鼻房（Snout House）是一种将车库建在房子正面的建筑方式，用来降低带车库住宅的造价。但从正面看起来像是一个背对着街道的房型车库，因此《纽约时报》的报道中说这样的造型“不友好”。波特兰人反对这种牺牲房屋美观性来降低造价的建筑设计。

④ 城市空间增长边界（Urban Growth Boundary，简称UGB）是城市增长管理最有效的手段和方法之一，是城市建设用地与非建设用地的分界线，也是控制城市无序蔓延而产生的一种技术手段和政策措施。

⑤ 城市填充是西方城市发展过程中一直延续的一类建造活动，对陈旧的、没有

充分利用起来的地块、建筑进行重新配置和使用。

⑥ 涓滴效应指在经济发展过程中并不给予贫困阶层、地区以及弱势群体特殊优待，而是由优先发展起来的群体或地区通过消费、就业等方面惠及贫困阶层或地区，带动其发展和富裕，里根政府正是执行以此为理论依据的经济政策。

⑦ 汉萨同盟是德意志北部城市之间形成的商业、政治联盟。

⑧ “太平洋斜坡”曾用来形容19世纪北美地区和老西部地区的扩张，它的范围包括加利福尼亚、俄勒冈、华盛顿、内华达等。

结论 公民机遇

① 俄勒冈小径是19世纪北美大陆西部拓荒时代，美国的拓荒者和移民通行的主要道路之一，是美国西进运动的主干线。成型于1811～1840年。

② 机器政治于19世纪60年代兴起于美国城市，是一种政党政治，其特征是候选人为获取选民以及支持者的选票和经费资助，许诺提供包括赐予政府公职、授予政府特许权等等好处，实质是以选票为中介的利益交换关系。

③ 501（c）3是一个联邦税法条款，规定了一些免税的非营利组织，包括为宗教、慈善、科学、文学或教育目的组织和运营的非营利组织，以及致力于公共安全、促进国家或国际业余体育竞赛、预防虐待妇女儿童或动物的组织等。这些组织获得美国国税局的批准后就可以享受免税待遇。

④ 布鲁克农场位于波士顿郊区，是由一群超验主义者于1841年创办的乌托邦式公社，主要目的是践行傅立叶的一些空想社会主义观点。

⑤ 印第安纳州西南部小镇在历史上曾是倍受瞩目的乌托邦实验社区。

译后记

波特兰，位于美国俄勒冈州，一座从废墟中崛起的凤凰之城。熙熙攘攘的缅因湾岸、历史悠久的欧式风情，寒冷多雪的冬天充满诗意，还有积木式的餐厅和咖啡馆，如果在樱花盛放的傍晚，紫蓝莓果酱和薰衣草冰激凌绽开你的味蕾，仿佛宁馨的时光会慢下来，静静地去感受独特的异域风情。

当我拿到《大波特兰——西北部城市生活与景观》这本书的时候，信手翻开几页，便被深深地吸引了。我居住的哈尔滨是一座北纬 45° 的城市，是一座拥有教堂和紫丁香的城市、一座铁路桥和松花江穿城而过的城市，具有百年历史的哈尔滨经过岁月和文化的洗礼，赋予一座城市文化和历史的积淀和禀赋。在这座城市里，东西交汇，文化碰撞，城市因文化多元纷呈，生机盎然。而波特兰同样引人注目，她被誉为全美城市中规划最好、最适宜居住的地区之一。当下波特兰的盛名和成就，以及城市先进的发展理念无疑与城市规划肌理息息相关，而又互相浸润。美国城市历史和规划领域的著名专家卡尔·阿博特在本书中深入探究了波特兰城市规划取得成功的原因。“波特兰风格”以对话和交流为中心，将政治视为公民的责任，并共同致力于公众利益的互惠。当前，我国城市化进程正处于鼎盛时期，书中对波特兰城市规划的剖析能够给予国内研究城市规划的学者一定的启示和参照。我曾经去美国访学、学术交流多次，但唯独没去过波特兰，心中顿生遗憾与期许。当本书译稿付梓之时，一定要感受波特兰城市的独特魅力和绰约风姿。

我曾经翻译过两本经济学著作，也翻译过一些诗歌和散文，会遇到一些比较棘手的内容，但没有哪一本书的内容像本书这般引经据典、包罗万象，浩如烟海的数据、琳琅满目的插图，以及大容量的有关波特兰的历史、文化、政治、地理、人文的知识，尤其还有一些非常专业的城市规划术语，对没有涉足过这个领域的我来说，具有挑战性和探索性。以往看到此类城市规划书籍，仅仅是蜻蜓点水，匆匆一瞥，从来没有认真地研究城市景观与城市规划之间内在的联系和发展走势。于是，我心驰神往，到处查找关于波特兰的文字。因为作者对波特兰的分析源于丰赡厚实的历史、文化、政治、地理、人文等记载，我甚至在网络上搜索有关波特兰的媒体和网络报道，还特意请教建筑学院的教授们，只为荟萃精华，以飨读者。

翻译本书经历了漫长的坚持和坚守，集合了多位学者、译者的倾情奉献和无私支持。期间，有幸得到中国建筑工业出版社的戚琳琳女士和率琦先生的大力帮助和指导；还要感谢哈尔滨工业大学建筑学院薛明辉副教授、堪培拉大学城市规划专业博士生韩文娣、武汉大学建筑学学生刘宏康及英国利兹大学博士生孙沛亮的审校和建议。最后，特别要感谢我的三位硕士生：联合国专门机构世界气象组织总部翻译实习生余天宇、华为技术有限公司的技术翻译工程师吴晗、省重点高中英语教师沈佳欣，他们参与了本书部分章节的翻译，整理了部分译稿和全书注释，付出了卓有成效的努力。书成之日，也是你们羽翼丰满、振翅飞翔之时，愿你们在新的岗位上努力奔跑，逐梦前行，不负这美好的时光和奋进的时代。

译者简介

李雪，博士，哈尔滨工业大学教授，从事英语语言文学研究，出版英文专著《戴维·洛奇重要小说中三种现代写作方式研究》，以及译著《凯洛格论市场营销》、《MBA速成教程　财务计划》等。

"美国大都市区肖像丛书"

- Metropolitan Phoenix: Place Making and Community Building in the Desert
- Metropolitan Philadelphia: Living with the Presence of the Past
- Metropolitan San Diego: How Geography and Lifestyle Shape a New Urban Environment
- Greater Portland: Urban Life and Landscape in the Pacific Northwest
- Greater New Jersey: Living in the Shadow of Gotham
- Driving Detroit: The Quest for Respect in the Motor City
- Miami: Mistress of the Americas